AF452926

MÉMOIRE

SUR

LES SALINES

DE LA RÉPUBLIQUE,

Dans lequel on fait connaître la nature des eaux salées, l'état actuel des Salines, relativement à leur produit en sel, leur consommation en combustibles et les améliorations dont ces usines précieuses sont susceptibles ;

PAR le Citoyen NICOLAS, associé, non résidant de l'Institut National, Professeur de Chymie et d'Histoire naturelle à l'École centrale du Département de la Meurthe, etc.

Prix 40 sous.

A NANCY,

Chez
{
L'AUTEUR, Faubourg de Boudonville, n.° 266.
J. R. VIGNEULLE, Imprimeur, Place du Peuple, n.° 207.
}

EXTRAIT

DU REGISTRE DES ARRÊTÉS

DU COMITÉ DE SALUT PUBLIC

D E

LA CONVENTION NATIONALE,

Du 26 Prairial, l'an deuxième de la République Française, une et indivisible.

COMME les procédés suivis jusqu'à ce jour dans les Salines, n'ont pas été examinés avec attention, et n'ont pas reçu les degrés de perfection et d'amélioration dont ils sont susceptibles, la Commission d'Agriculture et des Arts présentera au Comité, un Citoyen pourvu de l'expérience et des connaissances nécessaires, qui sera envoyé dans les Salines, pour faire et recueillir des observations sur l'état de ces Salines, sur les procédés suivis pour la formation des sels, sur les matières qu'on y employe, sur la quantité et l'espèce de combustibles, sur les économies à faire, sur tous les moyens d'art employés sur ce que l'on peut changer, améliorer sur tous les rapports de la quantité, de la qualité des sels et de l'augmentation des revenus des Salines.

Cet Agent se concertera, avec celui ou ceux de la Commission des revenus nationaux, pour obtenir toutes les connaissances ij

qui lui seront nécessaires ; il adressera ses observations et ses vues, à la Commission d'Agriculture et des Arts, qui en fera son rapport au Comité, et proposera les changemens que les connaissances acquises et l'expérience feront juger nécessaires.

Cet Agent concourra, avec celui ou ceux de la Commission des revenus nationaux, à rendre aux Salines, dans leur état actuel, et par les procédés connus et usités, toute leur valeur, et à remettre les travaux en pleine activité.

Le Représentant du Peuple ordonnera provisoirement, sur les rapports de ces Agens, ou des uns séparément, pour ce qui les concernera, ou des uns et des autres dans les cas où ils devront concourir, toutes les opérations et les dispositions sur lesquelles il sera urgent de statuer, et sur lesquelles il serait préjudiciable au service d'attendre une décision du Comité.

Signé au Registre, R. LINDET, CARNOT, B. BARRÈRE, BILLAUD – VARENNE, C. A. PRIEUR, COLLOT-D'HERBOIS.

Pour extrait conforme, le 26 Thermidor, an 2.e de la République. BILLAUD – VARENNE, C. A. PRIEUR, P. A. LALOI, TREILLARD, BRÉARD, ESCHASSERIAUX.

EXTRAIT

Du Registre des Arrêtés du Comité de Salut public de la Convention nationale,

Du 26 Thermidor, l'an 2.ᵉ de la République Française, une et indivisible.

Le Comité de Salut public, en conséquence de son Arrêté de ce jour, relatif aux Salines de la Meurthe, du Jura, du Doubs, de la Haute-Saône et du Mont-Blanc, nomme le citoyen NICOLAS, pour être employé comme Artiste près lesdites Salines, et y exercer les fonctions prescrites dans l'Arrêté du Comité, du 26 Prairial, en ce qui peut le concerner, pour le perfectionnement et l'amélioration des Établissemens dont s'agit. Le citoyen NICOLAS, conformément aux instructions contenues dans les Arrêtés ci-dessus mentionnés, sera considéré comme Agent de la Commission des armes et poudres, à qui il rendra compte de toutes ses opérations, et sera placé sous la surveillance immédiate du Représentant du Peuple BESSON, pour tout ce qui a rapport à la mission dont ce Représentant est chargé.

Signé au Registre, C. A. PRIEUR, ESCHASSERIAUX, B. BARRÈRE, TALLIEN, R. LINDET, THURIOT, CARNOT, LALOI, BILLAUD-VARENNE, BRÉARD, COLLOT – D'HERBOIS, TREILHARD.

Pour extrait conforme, C. A. PRIEUR, LALOI, BILLAUD-VARENNE, TREILHARD, BRÉARD.

AVANT-PROPOS.

Chargé par le Comité de Salut public, de visiter toutes les Salines nationales, à l'effet d'en examiner les travaux, de m'assurer de leur produit annuel en sel et de leur consommation en combustibles, de relever toutes les opérations et manipulations vicieuses, de proposer des vues économiques et les améliorations dont ces usines sont susceptibles, j'ai rendu compte de mon travail à la Commission des Armes et Poudres ; mais, comme il est vraisemblable que ce Mémoire ne sera livré à l'impression que par extrait, j'ai cru servir le Public en le lui offrant dans son entier.

Pour mettre plus d'ordre dans ce petit Ouvrage, je l'ai divisé en deux parties; la première traite de l'analyse des eaux salées, de la manière de faire le sel, et de toutes les opérations et manipulations qui y sont relatives ; elle donne aussi une idée des fourneaux et des poëles mis en usage, et elle présente le produit annuel de chaque Saline, et sa consommation en combustibles.

Je relève, dans la seconde, tous les defauts de construction des fourneaux et des poëles ; je fais connaître les opérations vicieuses qui ont lieu dans la fabrication du sel ; je propose des moyens d'économiser les combustibles et d'augmenter de beaucoup le produit du sel ; j'y parle également d'un nouveau bâtiment de graduation , qui n'existe encore que dans la Tarentaise , Province de la Savoie ; enfin, je montre quel parti avantageux les Arts peuvent tirer de tous les récrémens salins rejetés comme inutiles dans tous les temps.

TABLE.

PREMIERE PARTIE.

SECONDE PARTIE.

MÉMOIRE

MÉMOIRE

S U R

LES SALINES NATIONALES

D E S

DÉPARTEMENS DE LA MEURTHE, DU JURA, DU DOUBS ET DU MONT-BLANC.

PREMIÈRE PARTIE.

L'OPINION des Physiciens sur l'origine des eaux salées, n'est pas encore invariablement fixée; les uns croyent, je ne sais sur quel fondement, que les sources muriatiques ou salées, ne sont que le produit des eaux de la mer, qui, s'échapant de leur réservoir commun, circulent dans l'intérieur de la terre, par des canaux formés naturellement, et viennent donner naissance aux fontaines salées, à des distances et à des profondeurs plus ou moins considérables.

A

Les autres attribuent l'existence de ces sources à des amas de sel marin, que la mer a déposés parmi des sables et des terres de différentes natures, lorsqu'elle recouvrait le sol que nous habitons.

D'autres enfin, donnent à ces sources une origine bien plus reculée ; ils les croyent produites par les eaux pluviales qui, s'insinuant dans la terre et rencontrant du sel gemme ou sel marin natif, en dissolvent une partie, et sont ensuite, par leur propre pente, entraînées hors des lieux qui les renfermaient. Ces Physiciens pensent que le sel gemme est une production de la nature, aussi ancienne que le monde, que ce sel existe dans les entrailles de la terre, en masses très-considérables ; et, quoiqu'il n'ait encore été découvert que dans certains pays, ils assurent qu'il est bien moins rare que l'on ne le pense.

La salure des roches schisteuses, quartzeuses et gypseuses, est communément attribuée à l'infiltration d'une eau chargée de sel, qui pénètre continuellement ces matières. Quelques Naturalistes croyent, au contraire, que la Nature a formé ces substances salines et terreuses en même-temps.

Mais, quoi qu'il en soit de ces hypothèses, je ne m'arrêterai à aucune, je me garderai bien de circonscrire les opérations de la Nature, et d'assurer que toutes les eaux salées reconnaissent une même origine ; tel effet a pu les produire dans un lieu, qui n'a pas existé dans un autre. La Pologne, la Hongrie, la Russie, etc. possèdent abondamment le sel gemme ; la terre le recouvre, sans doute, dans bien d'autres Contrées : mais doit-on le considérer comme la cause unique de la salure des eaux ? Des amas de sel disséminé dans diverses terres, lavés ensuite par des eaux souterraines, n'auraient-ils pas pu aussi produire des sources muriatiques ? C'est ce que je laisse à décider. Mais quelle que soit l'origine des eaux salées, elles n'en sont pas moins un des plus beaux présens de la Nature.

La substance saline que l'art en a su extraire, donne non-seulement une saveur agréable à nos alimens, mais elle les dispose à une bonne et facile digestion, et contribue singulièrement à l'entretien de notre santé.

Cette substance est aussi très-nécessaire à certains animaux, particulièrement aux moutons et aux bêtes à cornes.

Beaucoup d'arts en tirent également un très-grand avantage.

La nécessité et l'utilité de ce sel, bien reconnues, ont donné naissance à ces différens Établissemens qu'on nomme Salines. Trois de ce genre ont été formés dans le Département de la Meurthe, et ce, dans un espace de trois lieues et demie ; savoir : à Château-Salins, à Moyenvic et à Dieuze ; deux dans le Jura, un à Salins et l'autre à Mont-Morot ; un autre dans le Doubs, à Arc, et deux dans le Mont-Blanc ; l'un à Moutiers ou Mont-Salin, et l'autre à Conflans, etc.

S A L I N E

DE CHATEAU-SALINS.

La Saline de Château-Salins est alimentée par les eaux de deux puits, dont l'extraction se fait au moyen de deux machines hydrauliques à rouages, mises en action par des chevaux.

A 2

Le premier puits, en entrant dans le hallier, est nommé Puisard; il a trente-deux pieds de profondeur, à partir du niveau de la margelle du second puits; son fond ou sol est formé de fragmens de pierres calcaires, argileuses, de couleur bleuâtre. Tous ces fragmens ou galets ont leurs bords arrondis, et paraissent avoir été usés par le frottement ou le rouli des eaux.

La principale source qui fournit l'eau à ce puits, est d'un volume assez considérable, on peut en évaluer le jet à 4 pouces cubes.

Cette eau est à 14 degrés, c'est-à-dire, que 100 livres d'eau contiennent 14 livres de sel, et même un peu plus.

Il se fait dans le même puits, différentes infiltrations d'eau douce ou commune, et d'eau faiblement chargée de sel.

Toutes ces différentes eaux se mêlaient autrefois avec celles de la source dont nous venons de parler, et en diminuaient conséquemment les degrés de salure. Ce qui a fait qu'on ne les a pas employées à la fabrication du sel; on se borne seulement à les tirer continuellement de ce puits, et à les faire écouler dans la rivière par des canaux pratiqués à cet effet, et ce, pour éviter qu'elles ne parviennent à se mêler avec celles d'un autre puits, dont nous parlerons dans un moment.

En 1793 (*vieux style*), le Directoire des Salines, voulant tirer parti de la source qui indiquait 14 degrés, fit exécuter un travail pour séparer ces eaux de celles qu'on nomme douces ou peu chargées de sel. On y parvint, au moyen d'un encaissement fait en bois de chêne; cet encaissement est placé au milieu du puits, et reçoit immédiatement les eaux de la source salée ; les eaux, peu riches en sel, le baignent de toutes parts, sans pouvoir y pénétrer, parce qu'il est défendu par des murs de glaise.

Une machine hydraulique à chevaux, élève continuellement les eaux douces, et détermine leur écoulement dans la rivière ; ce qui met à même, en ce moment, d'employer l'eau de la source salée à la fabrication du sel.

Cette source est amenée dans l'encaissement par un corps de bois très-ancien, à l'extrémité duquel un cylindre de plomb est fixé, et sert de déchargeoir à l'eau.

La machine hydraulique, destinée à extraire les eaux douces, est mise en action par quatre chevaux qui se relayent de trois en trois heures.

Le second puits, que l'on nomme le Grand-puits, est situé à peu près à trente-six pieds de distance de celui que nous venons de décrire ; il a quarante-six pieds de profondeur, mesurée depuis le sommet de la margelle jusqu'à la plate-forme du fond, c'est-à-dire, qu'il a quatorze pieds de profondeur de plus que le premier.

On extrait l'eau de ce puits, à l'aide d'un chapelet, ou chaîne sans fin, qui joue dans un cylindre de bois, contenu et soutenu en l'air par le moyen de plusieurs solives recouvertes de planches.

Huit chevaux font mouvoir cette machine, qui peut fournir continuellement un volume de quatre pouces d'eau, ce qui peut être évalué à deux cent cinquante muids par heure.

Les chevaux ne travaillent que pendant trois heures, et sont ensuite relayés par d'autres.

Les eaux de cette source indiquent assez constamment entre treize et quatorze degrés ; on a même observé que, lorsque la machine hydraulique était bien servie, c'est-à-dire, que lorsque l'on était parvenu à tirer une grande quantité d'eau, celle qu'on obtenait ensuite, était supérieure en salure à la première; ce qui porterait à croire qu'il ne serait peut-être pas impossible de l'obtenir à des degrés équivalents aux eaux de Dieuze, dont on va parler, c'est-à-dire, à seize degrés.

Ces eaux se rendent immédiatement de leur source dans des chaudières ou poëles, par le moyen de différens canaux en bois, pour y être soumises à l'évaporation. Onze poëles étaient autrefois destinées à cet usage; deux ont été supprimées, il n'en existe plus que neuf.

Aujourd'hui même une seule et son poëlon, sont en activité; le bois manque par le défaut de voitures, qui toutes ont été mises en réquisition pour le service des Armées.

Cette poële et son poëlon fournissent, dans les vingt-quatre heures, 90 à 100 quintaux de sel, et consomment dans cet espace de temps, entre sept à huit cordes de bois et six cent cinquante fagots qui en représentent deux cordes.

Lorsque le bois ne manque pas à cette Saline, cinq poëles sont continuellement entretenues en activité, ainsi que leurs poëlons, et chacune d'elles donne le même produit en sel, c'est-à-dire, depuis 90 jusqu'à 100 quintaux par vingt-quatre heures, et ce, avec la quantité de bois désignée plus haut; ces cinq poëles ont été seulement entretenus en activité, parce qu'il a été reconnu qu'il était indispensable d'en avoir plusieurs en réserve, pour pouvoir suppléer celles qui exigeaient des réparations.

Pour avoir un résultat juste du produit de ces eaux salées, comparé à la consommation du bois, nous nous sommes fait représenter les registres des produits en sel, à dater du premier Janvier 1781, jusqu'au premier Janvier 1793, c'est-à-dire, pendant douze années; et nous avons vérifié que la fabrication s'était portée à un million trois cent soixante-et-onze mille quarante-six quintaux, qui, divisés par douze, donnent un produit de cent douze mille six cent cinquante-quatre quintaux par chaque année; les délivrances en bois provenant des affectations, à dater du premier Janvier 1781, jusqu'au même mois 1793, c'est-à-dire, pendant douze années, ont été de cent quarante-neuf mille huit cent trente-quatre cordes un quart, compris les fagots, toujours évalués à trois cent vingt pour la corde; ces cent quarante-neuf mille huit cent trente-quatre cordes, divisées par douze, donnent pour l'année commune, la quantité de douze mille quatre cent vingt-six cordes un sixième; ce qui fait voir que la formation de neuf quintaux et quinze livres de sel, consomme une corde de bois, à peu de chose près.

Analyse de l'eau du Puisard.

1.º Le 2 Fructidor, le thermomètre était à seize degrés au-dessus de la glace; plongé dans cette eau, le mercure est descendu à douze.

2.º Le pèse-liqueur de Farenheit a indiqué quatorze degrés un peu fort.

3.º Cette eau n'a pas sensiblement altérée la teinture de mauve.

4.º La noix-de-galle n'y a pas indiqué la présence du fer.

5.° L'acide prussique s'y est aussi mêlé sans altération de couleur.

6.° L'eau de chaux lui a communiqué un coup-d'œil laiteux ; peu à près il s'est fait un précipité rare, soluble dans le vinaigre.

7.° L'ammoniac caustique, ou alkaly volatil pur, a troublé la transparence de cette eau, et a occasionné un précipité rare, que j'ai reconnu pour être de la magnesie.

8.° Le tartre saccarin, ou combinaison de l'acide du sucre avec la potasse, a aussi occasionné un précipité, qui, soumis à l'analyse, s'est trouvé être de la chaux sucrée.

9.° Le nitrate de Bismuth s'y est décomposé ; il a fourni un précipité calboté en partie, et s'y est conservé parfaitement blanc.

10.° Le muriate barotique s'y est régénéré en spath pesant, mais en très-petite quantité.

Analyse de l'eau du Puisard, par précipitation et évaporation.

11.° J'ai laissé exposé à l'air libre, dans un vaisseau propre et bien couvert, cent livres d'eau sortant du puits ; elle était limpide, et n'a déposé que dix grains, ou environ, de terre argileuse calcaire, souillée d'un peu d'ocre.

12.° Ces cent livres d'eau étant filtrées, j'y ai versé de la dissolution de crystaux de soude dans l'eau distillée, jusqu'à excès d'alkaly ; la liqueur est devenue blanche comme du lait ; et, vingt-quatre heures après, il s'est formé, dans le fond du vase, un précipité très-blanc qui, ayant été lavé et parfaitement séché, a pesé 3.37 onces, c'est-à-dire, dix-huit grains par livre.

13.° J'ai reconnu à l'analyse, que ce précipité était, pour la majeure partie, de la terre calcaire, et le surplus de la magnesie.

14.° J'ai soumis cette eau précipitée à l'évaporation, à un feu modéré, j'en ai obtenu 13 livres de sel marin très-blanc et très-pur, 1,06 livres de sel de glaubert ou sulfate de soude.

15.° Enfin, 100 livres d'eau sortant du même puits, m'ont donné par évaporation, 12 livres de sel marin pur, 13 onces de sel de glaubert, environ 4 onces de sélénite et 15 onces de muriate calcaire et de magnesie.

RÉSULTAT.

Il résulte de ces expériences, 1.°, que les eaux salées du Puisard ne contiennent point de fer.

2.° Qu'elles rendent $1,918^e$ once de sel marin pur par livre d'eau.

3.° Qu'on en obtient 23 grains environ de sélénite.

4.° Qu'elles tiennent en dissolution, $0,123^e$ once de sulfate de soude par livre.

5.° Et qu'enfin on y trouve $0,141^e$ once de muriate calcaire et de magnesie.

Analyse des eaux du grand puits.

Ces eaux ont été soumises aux mêmes expériences que celles du Puisard ; et ont donné absolument les mêmes résultats, ou du moins elles n'ont présenté que des différences si peu marquées, qu'elles n'ont pas paru mériter d'être relatées.

Manière de faire le sel à Château-Salins.

L'eau sortant de sa source est conduite dans de grandes chaudières ou poëles construites en plaques de tole , jointes les unes aux autres au moyen de clous rivés. Elles ont environ vingt-deux pieds de longueur, vingt de largeur et vingt pouces de hauteur. La partie supérieure de leurs fonds est hérissée de *happes* ou crochets en ances de paniers , ainsi que de grosses barres de fer fixées à des pièces de bois dites bourbons ; ces barres portent le nom de tyrans. Une seule poële est garnie de cent quarante happes et d'autant de tyrans qui ont quatre à cinq pieds de longueur. Chaque poële est également recouverte de douze pièces de bois d'environ un pied d'écarissage , et servent à fixer les tyrans destinés à soutenir le fond des poëles. Ces pièces de bois sont soutenues , dans certaines Salines, par des dés de pierre , à plusieurs pieds d'élévation de la surface de la chaudière , et , dans d'autres , elles posent seulement sur les bords desdites chaudières. Chaque poële a aussi son poëlon placé à son extrémité. Ses dimensions sont telles qu'il ne peut contenir que la cinquième partie des poëles. Le poëlon ne reçoit que l'excédent de la chaleur qu'on fait éprouver aux poëles , et après que celles-ci en ont reçu la première action du feu.

Les fournaux ont la même forme que les chaudières , ils ont un vaste cendrier qui s'ouvre dans l'atelier même ; il sert à l'introduction de l'air dans les fournaux , et à recueillir les braises et les cendres qui y tombent pendant la combustion.

Ces fournaux ont aussi de grandes portes de fer qui leur servent de bouches pour jeter le bois sur la grille.

Les grilles sont composées de trois pièces crenelées de fonte, qui supportent quinze ou seize autres pièces de même matière, d'une forme triangulaire, de huit pieds de longueur et d'environ quatre pouces sur chaque face. Ces grilles sont placées au centre des fournaux, en sorte qu'elles se trouvent éloignées de près de six pieds de leur bouche.

On a également pratiqué deux petites ouvertures à chaque côté de la bouche du foyer ; ces ouvertures sont garnies de leurs portes, et servent à examiner le fond de la poële, et à indiquer les coulées qui pourraient se faire. Les chaudières et le poëlon reposent de trois ou quatre pouces sur les bords supérieurs des fournaux, et sont lutées tout au tour, avec un mortier fait en sable et chaux, et une certaine quantité de crasses salées.

Au fond des fournaux et vis-à-vis la porte du foyer, on a pratiqué deux ouvertures qui communiquent sous le poëlon et servent de canaux de chaleur ; la fumée s'évacue ensuite par une cheminée pratiquée à l'extrémité de ce poëlon.

Quand on veut former le sel, on fait couler l'eau salée dans ces deux vaisseaux ; et quand leurs fonds en sont recouverts de trois à quatre pouces, on allume le feu dessous, pour faire entrer l'eau en ébullition ; on diminue ensuite l'écoulement, de telle manière qu'elle puisse non-seulement remplacer celle qui s'évapore, mais aussi qu'elle parvienne insensiblement à remplir les vaisseaux évaporatoires, sans suspendre l'ébullition. Cette première opération dure environ huit heures ; on ferme alors les robinets, et on continue l'action du feu.

Lorsque l'eau, contenue dans la poële, commence

à entrer en ébullition, elle se recouvre d'une écume d'un vert noirâtre, qu'on a soin d'enlever; elle est produite par une terre limoneuse que les eaux charient, et par d'autres hétérogénéités qui s'y trouvent contenues. Peu après il se précipite une matière salino-terreuse, que l'on nomme schelot; c'est un composé de sélénite, de sulfate de soude, mêlé d'une certaine quantité de muriate calcaire; j'en parlerai plus bas. Ce précipité est reçu dans des petites boëtes de fer d'environ un pied en quarré, placées le long des bords de la poële; on les nomme augelots. Au moment où les pieds de mouches commencent à paraître à la surface de l'eau, c'est-à-dire, lorsque la crystallisation du sel marin se fait, on retire les augelots des poëles, et on continue l'évaporation presque jusqu'à siccité, ce qui dure environ seize heures; on tire alors le sel, puis on le porte à l'étuve, dans des vases de bois de forme conique, où il s'égoutte et achève de se dessécher. Les mêmes procédés se répètent quatorze ou quinze fois de suite dans une même poële, c'est ce qu'on nomme une *remandure* ou *abattue;* après quoi on arrête le travail de la poële pour l'écailler et la réparer. L'écaillage se fait en brisant l'incrustation saline à grands coups de marteaux, ce qui détériore singulièrement les poëles et accélère leur destruction. On nomme écailles, cette incrustation saline qui s'attache et adhère aux parois intérieurs des chaudières; l'excessive chaleur qu'on fait éprouver à ces vaisseaux évaporatoires, détermine une espèce de fusion des premiers crystaux de sel marin qui se sont précipités, ainsi que celle de la portion de schelot qu'on n'a pu parvenir à retirer.

Les écailles se forment particulièrement au moment

où l'évaporation tire sur sa fin ; c'est-à-dire, lorsqu'il y a beaucoup de sel formé dans les chaudières, la masse-saline tassée au fond de la poële, portant contre lui tout l'effort de son poids, empêche l'eau d'y pénétrer, ce qui fait qu'elle y éprouve une sorte de calcination et de fusion qui lui donnent une extrême dureté, et lui fait contracter beaucoup d'adhérence aux parois inférieurs.

L'incrustation saline dont je viens de parler n'est pas d'une épaisseur égale sur toute l'étendue de la poële, elle a jusqu'à cinq pouces dans des endroits, trois dans d'autres, et un et demi dans quelques autres ; mais, en général, on peut évaluer son épaisseur moyenne à deux pouces. Chaque poële fournit, après quinze cuites, soixante à soixante-et-dix quintaux d'écailles ; c'est-à-dire, environ le vingt-troisième du produit en sel : et, comme on est obligé de l'écailler tous les quinze jours, il s'ensuit qu'une seule poële produit plus de quatorze cent quarante quintaux d'écailles dans le cours d'une année ; les quatre poëles, tenues en activité dans la Saline de Château-Salins, doivent donc donner, année commune, au moins vingt-trois mille quarante quintaux de substance saline, dont la majeure partie a été rejetée comme inutile jusqu'à présent.

Je m'étendrai davantage sur cette matière, lorsque j'aurai parlé des autres Salines.

Indépendamment des eaux salées employées à la confection du sel dans la Saline de Château-Salins, il s'en trouve encore une assez grande quantité à dix et même onze degrés qu'on rejette et qu'on fait écouler dans la rivière.

L'extraction des eaux salées des deux puits dont nous avons parlé plus haut, se fait ainsi que nous l'avons exposé par le secours des deux machines hydrauliques à chapelet ou chaîne sans fin , mises en action par des chevaux ; trente sont employés à cet usage ; l'élévation de ces eaux se fesait autrefois par entreprise, et coûtait annuellement quatorze mille six cents livres ; le traité devait avoir lieu jusqu'au premier Janvier 1793 (*vieux style*) ; mais l'Entrepreneur s'étant pourvu en indemnité pour les neuf derniers mois de 1792 , à raison de l'extrème cherté des fourrages , le Ministre des Contributions , sur l'avis du Directoire des Salines de la Meurthe , par une décision du 12 Septembre 1793 , a approuvé qu'il fût payé à cet Entrepreneur , la somme de cinq mille deux cent vingt livres , à titre d'indemnité des pertes qu'il avait justifié avoir faites , sur le prix de son entreprise , pendant les neuf derniers mois de l'année 1792.

En Janvier 1793 , ce traité n'a pas été renouvelé ; mais il a été convenu entre l'Entrepreneur et le Directoire des Salines, qu'il serait continué sur l'ancien pied, sauf à décompter avec lui , à la fin de chaque année , à raison de la plus ou moins grande cherté des denrées, et ce par comparaison à l'ancien prix de 20 sous par jour par cheval , qui lui étaient accordés par son traité.

. Il résulte de ce décompte, que les six premiers mois de 1793 , (*vieux style*) , se sont portés à 15,165^{tt}, et l'aperçu des six derniers mois ne fait espérer aucune diminution de ce prix ; ce qui présente , pour l'année entière de ladite année 1793 , une dépense de 30,330^{tt}. A ces 30,330^{tt}, nous devons ajouter 1,200^{tt} pour l'entretien des machines hydrauliques , ce qui porte annuellement la dépense totale , pour cet objet seulement, à 31,530^{tt}.

SALINE DE MOYENVIC,

DÉPARTEMENT DE LA MEURTHE.

Il existe à Moyenvic, Commune située à une lieue de Château-Salins et à un quart d'heure de Vic, une source salée, du produit de quatre cent muids dans vingt-quatre heures, et à treize degrés un tiers de salure. Cette eau est reçue dans un puits, et élevée à l'aide d'une machine hydraulique, mise en action par des chevaux.

Analyse de l'eau du puits salé de Moyenvic.

1.º Le 10 Fructidor, l'an deuxième de la République Française, une et indivisible, à huit heures du matin, le thermomètre indiquait quatorze degrés et demi.

2.º Plongé dans le fond du puits, à quarante-cinq pieds de profondeur environ, il a indiqué onze degrés deux tiers au-dessus de la glace.

3.º L'eau de ce puits a marqué treize degrés un tiers au pèse-liqueur de Farenheit.

4.º Le mélange de cette eau avec la teinture de fleurs de mauve, a pris, sur le champ, une couleur verte.

5.º La dissolution de noix-de-galle lui a communiqué une nuance violette.

6.º La liqueur prussique lui a fait prendre une légère teinte bleue.

7.° L'alkaly volatil, pur ou caustique, a à peine troublé sa transparence.

8.° Le tartre saccarin, ou combinaison de l'acide du sucre avec l'alkaly végétal, y a occasionné un précipité que j'ai reconnu être de la chaux sucrée.

9.° Le nitrate de Bismuth s'y est précipité, et a fourni un oxide d'un blanc un peu sale.

10.° Le muriate barotique s'y est régénéré en spath pesant.

11.° Enfin, le sulfate de potasse a troublé cette eau, et lui a communiqué un coup-d'œil verdâtre.

Suite de l'analyse de l'eau du puits de Moyenvic, par précipitation et évaporation.

12.° J'ai renfermé dans un vase bien propre, cent livres de cette eau sortant de sa source, et je l'ai laissée reposer pendant vingt-quatre heures; elle a donné un dépôt terreux d'un gris noirâtre, qui pesait deux cent cinquante grains; il était de la nature calcaire, argileuse, et contenait un peu d'oxide de fer.

13.° J'ai versé sur ces cent livres d'eau filtrée, une dissolution de crystaux de soude, jusqu'à excès *d'alka-linité*; la liqueur est devenue blanche comme du lait, et a fourni, dans le délai de vingt-quatre heures, un précipité blanc, du poids de 5,014 onces ou 29 grains par livre.

14.° Ce précipité était de nature calcaire, pour la plus grande partie, et ne contenait que très-peu de magnesie.

15.° Enfin, cent livres de cette eau, ont produit par une évaporation bien ménagée, 4,5 onces de schelot, onze livres de sel marin pur, 13,5 onces de

sulfate

sulfate de soude, et environ 12 onces de muriates
calcaire et de magnesie, etc. Quoiqu'il soit démontré
que la source salée du puits de Moyenvic, est du
produit de quatre cents muids dans vingt-quatre heures,
et qu'à raison de son degré de salure, elle pourrait
annuellement produire 95040 quintaux de bon sel,
cette source n'en est pas moins abandonnée et reste
en stagnation dans son réservoir.

Je donnerai à la suite de ce Mémoire, un moyen
d'employer ces eaux utilement, ainsi que celles qu'on
perd à Château-Salins.

La Saline de Moyenvic n'est alimentée qu'avec les
eaux qui lui viennent de Dieuze, par une conduite en
bois, pratiquée à cet effet sur une longueur de deux
lieues et demie; je ferai connaître la nature de cette
eau, en parlant de la Saline de Dieuze.

Comme la manière employée à faire le sel, est
absolument la même qu'à Château-Salins, que toutes
les manipulations sont celles de cette Saline, et que
les produits en écailles et en schelot, ne présentent
qu'une différence dans la quantité, je me dispenserai
d'en parler.

La formation en sel, dans cette Saline, à commencer
du premier Janvier 1787, jusqu'au premier Janvier
1792, c'est-à-dire, pendant cinq années consécutives,
s'est portée à 618,785 quintaux 54 livres, ce qui
fait, année commune, 123,756 quintaux 70 livres.

SALINE

DE DIEUZE.

LA Saline de Dieuze mérite, avec raison, d'être considérée comme un des plus beaux établissemens en ce genre, qui existent en Europe, tant par l'abondance de ses eaux, qu'à raison de leur degré de salure. On forme annuellement dans cette Saline, deux cent soixante-et-dix mille quintaux de sel, et plus de cent vingt-quatre mille qui se confectionnent à Moyenvic avec les eaux qu'elle y envoye. Sans parler encore d'une assez grande quantité dont on ne fait aucun usage, dans certains temps de l'année, à raison de la rareté des combustibles. Les eaux salées de cette usine sont tirées des puits par le moyen de plusieurs pompes, mues alternativement par des chevaux et par un courant d'eau douce.

Analyse des Eaux salées de Dieuze.

1.º Le 18 Fructidor, l'an 2.e de la République une et indivisible, à trois heures après midi, le thermomètre marquait quinze degrés.

2.º Plongé dans le fond du puits, le mercure est descendu à dix degrés et demi.

3.º Le pèse-liqueur a déterminé son degré de salure, à seize faible.

4.º Les teintures de tourne-sol et de fleurs de mauve, mêlées avec cette eau, n'en ont point été altérées.

5.º La noix-de-galle n'y a pas décélé la présence du fer.

6.º L'acide prussique ne lui a communiqué aucune teinte bleue.

7.º L'ammoniac pur, ou alkaly volatil caustique, a légèrement troublé sa transparence ; vingt - quatre heures après, il s'est fait un précipité rare, que j'ai reconnu être de nature magnesienne.

8.º Le tartre saccarin a également occasionné un précipité blanc, qui, examiné, a été reconnu pour une combinaison de l'acide du sucre avec la terre calcaire, ou chaux sucrée.

9.º Le nitrate bismultique s'y est précipité, et a donné un oxide métallique d'un très-beau blanc.

10.º Le muriate barotique s'y est régénéré en spath pesant, ce qui indique, dans cette eau, la présence de certaines combinaisons sulfuriques.

11.º Le sulfure de potasse lui a communiqué, sur le champ, une belle couleur jaune, qui, quelque temps après, est devenue blanchâtre ou laiteuse.

Suite de l'Analyse des Eaux salées des puits de Dieuze, par précipitation et évaporation.

12.º Cent livres de cette eau n'ont donné, après vingt-quatre heures de repos, que deux cent cinquante grains de précipité limoneux et calcaire.

13.º La dissolution de crystaux de soude, versée dans ces cent livres d'eau, après avoir été filtrée, a occasionné un précipité terreux de couleur blanche, et du poids de deux mille six cent cinquante grains, ce qui fait vingt-six grains et demi par livre d'eau.

14.º L'analyse a démontré que ce précipité était de nature calcaire, et qu'il ne contenait qu'une petite portion de magnesie.

15.º Enfin, cent livres de cette eau ont donné, par voie d'évaporation, 4,75 onces de schelot, 14,125 livres de sel marin pur, 0,8 livre de sulfate de soude et environ 0,765 livre de muriates calcaire et de magnesie.

R É S U L T A T.

1.º Il résulte de ces expériences, que les eaux salées de Dieuze ne tiennent point de fer en dissolution.

2.º Que la livre de cette eau peut charier avec elle, et entraîner dans les poëles, environ 2,5 grains de terre limoneuse calcaire.

3.º Qu'une livre d'eau de Dieuze tient dans un vrai état de dissolution, cent six grains de muriates calcaire et de magnesie.

4.º Qu'une égale quantité de cette eau contient 1,028 gros de sulfate de soude.

5.º Et qu'enfin le quintal peut produire 14,125 livres de sel marin bien pur, ou 2,26 onces par livre.

Manière de faire le Sel.

La manière de faire le sel à Dieuze est la même que celle des autres Salines dont j'ai déjà parlé. Les manipulations n'y sont ni meilleures, ni mieux soignées, et les vaisseaux évaporatoires et les fourneaux présentent les mêmes inconvéniens et les mêmes défauts. Je me propose de les faire connaître, et de donner, à la suite de ce Mémoire, des moyens d'améliorations.

SALINE DE SALINS,
DÉPARTEMENT DU JURA.

La ville de Salins est située à sept lieues de Besançon, et à pareille distance de la Suisse ; elle est bâtie sur les bords d'une petite rivière, appelée la Furieuse, dans une gorge fort serrée entre deux montagnes calcaires et gypseuses.

C'est du fond de ce vallon que sourdent les diverses sources d'eaux salées qui ont donné naissance à la Saline de Salins.

Ces sources, qui ont différens degrés de salure, sont recueillies avec beaucoup de soin, et d'art, et sont rassemblées dans quatre puits qu'on distingue par les noms, Amont, à Grai, à Muire et Durillon.

Le degré commun de salure des eaux d'Amont, est de 8,42 degrés ; le produit, dans vingt-quatre heures, est de 87 muids 2 quarris et 49 pintes, ce qui fait, année commune, 32013 muids.

Les eaux du puits à Grai indiquent onze degrés un tiers de salure ; elles produisent, dans vingt-quatre heures, 125 muids 2 quarris et 29 pintes ; et, année commune, 45,857 muids.

Celles à Muire marquent quatorze degrés quatre treizième au pèse-liqueur ; elles donnent 113 muids 2 quarris 28 pintes dans les vingt-quatre heures, et 50233 muids, année commune.

Toutes les eaux sont élevées au moyen de pompes mises en action par de grandes roues à eaux, et sont employées à la formation du sel dans la Saline de Salins ; le surplus du produit de ces trois puits, et les eaux du quatrième, sont envoyés à Arc, ainsi que nous l'exposerons dans un moment.

Le produit total de ces eaux est, année commune, de 128,104 muids, qui donnent par année 83471 quintaux et 23 livres de sel. Le degré moyen de salure, est de 11,86 degrés, et pour former ces 83471 quintaux de sel, on consomme 11529 cordes 9 pieds de bois, ce qui fait 4,6 pieds par quintal.

Le bois qu'on emploie le plus communément dans cette Saline, est du sapin ; toutes les eaux salées se rendent dans un réservoir commun, qu'on nomme tripot, et sont soumises à l'évaporation dans des chaudières ou poëles à peu près semblables à celles des Salines de la Meurthe ; les fournaux y sont encore un peu plus défectueux, et les manipulations aussi vicieuses. Je ferai connaître la nature de ces eaux, lorsque je parlerai de celles qui alimentent la Saline d'Arc, ci-devant Chaux.

Formation du Sel marin, de diverses manières.

On fabrique dans la Saline de Salins, ainsi que dans celle d'Arc dont nous allons parler, trois espèces de sel marin, du sel à gros grains, du sel menu ou à petits grains, et du sel en pains.

Le sel marin ordinaire ou menu se fait dans de grandes poëles de fer, dans lesquelles on entretient constamment l'eau salée en ébullition ; le mouvement que reçoit l'eau par l'action du feu ne permettant pas aux Molécules-Salines de s'attirer réciproquement, et

de se réunir en masse, elles sont forcées de se précipiter au fond de la chaudière, à mesure qu'elles se
forment à la surface de l'eau bouillante, ce qui ne
produit que du sel à petits crystaux. On forme, avec
ce sel, des masses hémisphériques applaties, du poids
d'environ trois livres, en le pressant avec les mains,
dans des moules de bois, après l'avoir imprégné d'une
certaine quantité d'eau-mère, dite muire grasse ; on
le porte ensuite dans une étuve pour le faire sécher,
il prend alors le nom de sel en pains.

Le sel à gros grains se fait lentement dans des
poëlons placés à l'extrémité des grandes poëles.
Comme ces vaisseaux évaporatoires ne reçoivent
qu'une chaleur modérée, il est aisé de sentir que
l'ordre de la crystallisation ne peut en être troublée,
et que le sel doit nécessairement prendre les formes
régulières qui lui sont propres.

Comme il existe des opinions différentes sur les
qualités de ces sels, et que certains Départemens
préfèrent le sel en pains, parce qu'ils le regardent
comme le meilleur, tandis que d'autres donnent la
préférence au sel en petits grains, et que quelques-
uns même se croyent fondés à penser que le sel à
gros grains vaut beaucoup mieux que les deux autres
espèces à raison de sa beauté, j'ai cru devoir les
soumettre à l'analyse, pour en connaître parfaitement
la nature, et pouvoir prononcer sur cet objet avec
connaissance de cause.

Analyse des trois espèces de Sel marin qui se font à la Saline de Chaux.

Sel marin à gros grains.

1.° J'ai fait dissoudre 2, 26 onces de sel marin à gros crystaux, dans une livre d'eau distillée, il ne s'est fait aucun précipité, et la dissolution a conservé sa limpidité ; j'ai ensuite divisé cette dissolution en six parties égales, contenant conséquemment chacune deux cents grains de sel.

2.° Une partie de cette dissolution, mêlée avec deux gros de teinture de mauve faite à froid, n'a point altéré la couleur bleue, et ne lui a fait perdre qu'un peu de son intensité.

3.° J'ai fait dissoudre un demi – gros de crystaux de soude dans une demi–once d'eau distillée ; j'ai versé cette dissolution sur une autre partie de la première, le mélange est devenu laiteux ; quelques temps après, il s'est fait un précipité léger et presque imperceptible.

4°. Du muriate barotique versé sur cette dissolution, n'a donné aucun précipité, et la liqueur est restée transparente.

5.° L'ammoniac pur, ou alkaly volatil fluor, ne l'a pas troublée.

6.° L'acide saccarin lui a communiqué un coup–d'œil laiteux ; peu après, il s'est précipité un peu de chaux sucrée.

7.° Enfin, la noix-de-galle ne l'a pas sensiblement altérée, et n'y a aucunement décélé la présence du fer.

(25)

1°. J'ai également fait dissoudre douze cents grains de sel menu, ou à petits grains, dans une livre d'eau distillée ; la dissolution était un peu trouble, et a donné, vingt-quatre heures après, un précipité terreux du poids de deux grains, qui était de nature calcaire et argilleuse.

2.° J'ai filtré cette dissolution, puis je l'ai divisée en six portions égales, pour les soumettre, chacune séparément, aux expériences suivantes.

3.° Mêlée avec la teinture de mauve, elle en a un peu altéré la couleur, et lui a communiqué un coup-d'œil verdâtre.

4°. La dissolution de soude l'a rendue laiteuse, il s'est fait ensuite un précipité terreux du poids d'un grain.

5.° Le muriate barotique s'est régénéré en spath pesant, dans cette dissolution, séparé de l'eau, il s'est trouvé du poids de deux grains.

6.° L'ammoniac pur, ou alkaly volatil fluor, n'y a produit qu'un précipité très-rare.

7.° L'acide saccarin s'y est converti en chaux sucrée, et a donné un précipité pesant trois grains.

8.° La teinture de noix-de-galle lui a communiqué une teinte violette.

1.° J'ai aussi fait dissoudre dans une livre d'eau distillée, douze cents grains de sel marin en pains ; la dissolution était trouble, et avait une couleur jaune ; elle a laissé déposer, après un certain laps de temps, un précipité terreux d'un jaune tirant un peu sur le noir.

2.° Ce précipité soumis à l'analyse, a démontré qu'il était de nature calcaire souillée d'un peu d'ocre ; il pesait 2,5 grains.

3.° J'ai filtré la dissolution , puis je l'ai divisée en six parties égales , et chacune d'elles a été soumise à l'expérience , dans l'ordre suivant.

4.° J'ai versé de la teinture de mauve dans la première portion ; sur le champ , le mélange a pris une couleur verte foncée , qui ensuite a passé au jaune.

5.° La noix-de-galle a communiqué à la seconde portion de cette dissolution , une couleur violette foncée , et peu après la liqueur est devenue noire.

6.° J'ai versé de la dissolution de soude dans la troisième portion , jusqu'à excès d'alkaly , la liqueur est devenue blanche comme du lait ; vingt-quatre heures après elle a donné un précipité , qui , séché et porté sur la balance , s'est trouvé du poids de trois grains.

7.° Le barote muriatique s'est précipité sous la forme de spath pesant , dans une autre partie de cette dissolution , ce précipité pesait 3,5 grains.

8.° L'alkaly volatil-fluor a communiqué à cette dissolution , un coup-d'œil laiteux ; quelque temps après , il s'est fait un précipité dont le poids n'était que d'un demi-grain faible.

9.° Enfin , l'acide saccarin a donné un précipité , connu sous le nom de chaux sucrée , qui , recueilli séché et porté à la balance , pesait près de six grains.

Résultats des expériences ci-dessus.

1.° Il résulte de ces expériences que le sel , dit à gros grains , c'est-à-dire , qui s'est formé lentement dans les poëlons , quoique dans une eau chargée de muriate à base terreuse et de sulfate de soude, est le plus pur de tous, lorsqu'on lui a donné le temps de se débarrasser de l'excédent de son eau de crystallisation, en l'exposant aux égoutoires pratiqués à cet effet. Cela prouve, de la manière la plus convainquante, que les molécules d'un sel s'attire réciproquement, et ce, en raison de leur homogéneité, qui les oblige d'obéir au mouvement que leur imprime leur affinité naturelle.

2.° Que le sel à menus grains, ou sel marin ordinaire, étant fait par une évaporation prompte, et au milieu d'un liquide, contenant du muriate calcaire et du sulfate de soude, continuellement soutenu en ébullition, ne doit pas être aussi pur que le sel à gros grains, parce que l'action du feu qui a déterminé trop tôt sa formation et sa précipitation, a occasionné en même temps celles des deux sels étrangers cités plus haut ; de-là l'impossibilité d'éviter son mélange avec eux, et de l'obtenir absolument homogène.

3.° Si ce que je viens de dire est fondé sur les lois de la plus saine physique, quel jugement doit-on porter du sel en pains, qui, aux défauts reconnus dans le sel marin ordinaire, réunit encore ceux de contenir une grande quantité d'eau-mère, c'est-à-dire, de liqueur chargée de muriate calcaire et de sulfate de soude employée à sa formation ? Cette manipulation, vraiment contraire à la santé des Citoyens, l'est également aux intérêts de la République ; il en coûte, pour les deux Salines de Salins et d'Arc, plus de cinquante mille francs par année, tant en combustible qu'en main d'œuvre ; et pourquoi ? je le demande ? Pour maintenir un préjugé aussi dangereux pour les hommes , que dispendieux pour la Nation. J'ai donc crû devoir provoquer la suppression du sel en pains ; et j'ai vu , avec plaisir , que ma demande avoit été acceuillie.

On fait à Salins le lessivage des écailles qui proviennent des poëles , pour en tirer le sel marin qu'elles contiennent. Pour cet effet, on les broyent sous une meule mise en mouvement par eau ; cet appareil est à peu près semblable à celui qui est mis en usage dans les huileries. On porte ensuite les matières broyées dans de grands réservoirs faits en bois , et on y fait couler de l'eau froide , jusqu'à ce qu'elles en soient recouvertes de la hauteur de deux ou trois pouces ; et quand cette eau a acquis treize à quatorze degrés de salure , on la mêle avec d'autres eaux salées pour être converties en sel. On ne jete ces matières que lorsqu'elles sont à peu près épuisées. Lorsque l'eau qu'on tire d'un réservoir, qui a déjà été lessivé , n'est qu'à de faibles degrés , on la fait repasser sur un autre où on a mis de nouvelles écailles , pour lui faire acquérir treize à quatorze degrés de salure.

On ne tire point partie du schelot dans cette Saline, on l'envoie à Arc pour en extraire le sulfate de soude qu'il contient ; je parlerai plus bas de cette opération.

SALINE D'ARC,
CI-DEVANT CHAUX,
DÉPARTEMENT DU DOUBS.

La Saline d'Arc est située dans une belle plaine ou bassin, entre la forêt de Chaux, la rivière de la Loue, d'une part, et les Communes d'Arc et de Senans, d'autre. Cette Saline a été établie par arrêt du ci-devant Conseil d'État, en date du 23 Avril 1773, sur les représentations faites par l'Adjudicataire général des Fermes, de l'impossibilité où il se trouvait de faire voiturer les bois de la forêt de Chaux à Salins, pour y convertir en sel toutes les eaux à faibles degrés que rendent les sources. Ce qui avait jusqu'à présent obligé de les rejeter du service, faute de combustible.

Cette Saline, la plus belle, sans contredit, de la République, tant par le site agréable de son architecture, qu'à raison de la magnificence de ses bâtimens, est éloignée de quatre lieues de Salins, d'où elle tire ses eaux salées par une conduite en bois sur deux files de cors.

Le puits d'Amont lui envoie deux cent quarante muids un quarri trente-cinq pintes par vingt-quatre heures ; ce qui fait, année commune, quatre-vingt-sept mille sept cent quarante-huit muids, à cinq degrés quatre cinquièmes de salure.

Le puits à Grai lui en fournit peu ; on n'en estime

la quantité qu'à deux muids trois quarris et douze pintes dans vingt-quatre heures ; et pour l'année commune, mille vingt-sept muids ; son degré de salure est onze et demi.

Les eaux qui lui viennent du Durillon, ou du quatrième puits de Salins, sont à trois degrés deux septièmes de salure ; leur volume peut être évalué à trois cent vingt muids trois quarris dix-huit pintes par vingt-quatre heures, et conséquemment à cent dix-sept mille neuf muids, année commune.

Le produit total de ces trois puits est de cinq cent soixante-et-douze muids trois quarris quarante-sept pintes dans vingt-quatre heures, et de deux cent neuf mille cent vingt-quatre muids, année commune. Le degré commun de salure de ces eaux est de quatre un tiers. On forme communément, par année, dans cette Saline, trente-cinq mille quatre cent quatre-vingt-quatre quintaux trente-cinq livres de sel ; et on y consomme trois mille sept cent quatre-vingt-onze cordes et neuf pieds de bois, tant chêne que charmille, hêtre et tremble, etc. ce qui fait trois pieds cinq pouces par quintal de sel.

Le produit total des eaux salées venant des sources de Salins, est de neuf cent trente-trois muids trois quarris quarante pintes dans les vingt-quatre heures ; et de trois cent trente-sept mille deux cent vingt-huit muids, année commune. Le degré de salure de toutes ces eaux mêlangées est de sept degrés quatre trente-deuxièmes.

La formation du sel dans ces deux Salines, est de cent dix-huit mille neuf cent cinquante-cinq quintaux par année.

Les travaux de la Saline d'Arc sont, à peu de chose

près, les mêmes que ceux qu'on suit dans les autres Salines; mais j'observerai que tout s'y exécute avec plus d'ensemble et d'ordre, que les opérations y sont mieux soignées, et que les fournaux ne perdent pas, à beaucoup près, autant de chaleur, par l'attention qu'on y apporte d'entretenir constamment en bon état le lut qui unit les bords extérieurs du fond des poëles à l'extrémité supérieure des murs des fourneaux, de manière qu'il ne se fait que la plus petite déperdition possible de chaleur.

La maréchallerie y est aussi beaucoup mieux exercée, les poëles mieux entretenues; et les têtes de clous, destinées à unir les plaques de tole les unes aux autres, ayant, dans l'intérieur des vaisseaux évaporatoires, la forme d'une goutte de suif ou hémisphérique très-applatie, n'ont pas l'inconvénient de résister aux rables, lorsqu'on veut s'en servir pour scheloter, ou tirer le sel des poëles.

Que ne puis-je parler aussi avantageusement des opérations des gradueurs; mais la vérité n'est qu'une, et je dois la dire. Les préposés à la graduation, (mécanisme si utile aux Salines) n'ont aucune connaissance de l'art du gradueur, ils croyent que, pour concentrer le degré de salure des eaux, il ne faut que les faire couler sur des épines; aussi ne font-ils qu'ouvrir les robinets de droite et de gauche, alternativement et selon le vent qui domine, là se bornent toutes leurs manipulations : il leur importe peu que la moitié des robinets reste sans effet, pourvu que les autres puissent suffire à absorber toute l'eau que les pompes élèvent. Le mécanisme de la grande division de l'eau, pour favoriser son évaporation à l'air, leur est inconnu. Que l'eau salée s'élève du réservoir où elle est contenue, au-dessus des épines ; et redescende des épines dans le réservoir, quel que soit le volume de l'eau, cela, selon eux, est suffisant.

Il n'y a pas, dans ce bâtiment de graduation, qui a plus de quinze cents pieds de longueur, deux robinets qui soient dans une ligne horizontale bien paralelle, il s'en trouve qui sont percés à plus d'un demi-pouce plus haut ou plus bas les uns que les autres, en sorte que près de la moitié sont la plupart du temps sans effet, tandis que les autres donnent un jet considérable qui retombe dans le réservoir, presque au même état qu'il en était sorti ; c'est-à-dire, sans avoir été divisé par les épines.

On lessive aussi, dans cette Saline, les écailles à l'eau froide, et à peu près de la même manière qu'à Salins, excepté cependant qu'on ne les broye pas ; on se contente de les jeter dans de grands bassins de bois, telles qu'elles sortent des poëles, et de concasser seulement les plus grosses. Je me suis assuré que cette opération économique était préférable à celle qu'on fait éprouver à ces matières à Salins. La dissolution du sel marin s'en fait aussi parfaitement, et en aussi peu de temps que dans cette dernière Saline, et j'ai trouvé tout autant de sulfate de soude dans un quintal d'écailles qui avaient été lessivées à Salins, que dans une pareille quantité qui avait passé à la lexiviation à Arc.

On emploie, dans cette Saline, le schelot à faire du sulfate de soude ou sel de glaubert ; mais comme les procédés pour retirer ce sel, sont les mêmes qu'à Mont-Morot, et les produits absolument semblables ; je les ferai connaître en parlant de cette Saline.

On

On a construit , il y a quelque temps , à Arc , un ré=
servoir en bois creusé dans terre , pouvant contenir
environ quarante-quatre mille muids d'eau ; mais
une partie est en très-mauvais état , et ne peut conserver l'eau. Si cette Manufacture se soutient comme
Saline , je proposerai la construction d'un nouveau
réservoir en maçonnerie à double mur , et glaisé à
la manière de celui qui existe à Mont-Salins , dans
la Tarentaise , le bois ne pouvant convenir pour ces
sortes de constructions.

Il y a bien encore à Arc un second réservoir ,
sous le bâtiment de graduation , qui peut contenir
environ dix mille muids ; mais il serait insuffisant , si
on voulait donner plus d'activité à cette Saline.

*Analyse des Eaux salées qui arrivent de
Salins à Arc , pour être converties en
Sel.*

1.° Le degré de salure du mélange de ces eaux ,
est , comme je l'ai déjà dit , de quatre degrés un
tiers.

2.° Ces eaux n'ont pas sensiblement altéré la
teinture de fleurs de mauve , ni celle de tournesol.

3.° La noix-de-galle n'y a pas d'abord décélé la
présence du fer ; mais , vingt-quatre heures après , la
liqueur est devenue d'un verd noirâtre , et il s'est fait
un précipité d'une couleur encore un peu plus
foncée.

4.° La liqueur prussique ne lui a communiqué
aucune nuance bleue.

5.° L'acète de plomb s'y est précipité , et le

vinaigre distillé n'a pas entièrement redissout ce précipité.

6.° L'ammoniac pur, ou alkaly volatil-fluor, n'a
nullement troublé sa transparence.

7.° Le tartre saccarin y a occasionné un précipité
assez abondant, que j'ai reconnu pour de la chaux
sucrée.

8.° Le nitrate de Bismuth s'y est précipité sous la
couleur la plus blanche possible, et l'a conservée
vingt-quatre heures après.

9.° Le muriate barotique s'y est régénéré en spath
pesant.

10.° Le sulfure de potasse a troublé sa transparence, il a occasionné un précipité d'un verd jaunâtre ; mais, vingt-quatre heures après, il est devenu
d'un blanc parfait.

Analyse de ces Eaux par la voie de précipitation et d'évaporation.

11.° Cent livres d'eau sortant des conduits qui l'amè-
nent à Arc, placées sur des cendres chaudes pén-
dant douze heures, n'ont donné aucun précipité.

12.° J'ai versé sur ces cent livres d'eau, de la dissolution de soude purifiée, jusqu'à ce que l'alkaly
fût un peu dominant ; la liqueur est devenue laiteuse, et a laissé déposer une terre d'un blanc un
peu jaunâtre, qui, recueillie, lavée et séchée,
pesait 3,04 onces, ce qui fait dix-sept grains et
demi par livre.

13.° Cette terre était purement calcaire.

14.° Cent livres de ces eaux ont donné par évaporation, 4,375 livres de sel marin, 4 onces de sulfate

dé soude, 5 onces de muriate calcaire, et 2,375 onces de schelot.

Comme toutes les eaux de Salins ont donné à l'analyse, à peu de chose près, les mêmes résultats, je me dispenserai d'en parler ; j'observerai seulement qu'étant puisées à la source, elles laissent déposer, au bout d'un certain temps, un précipité argillo-calcaire et gypseux, de couleur grise, et dont la quantité peut être évaluée à un grain, et quelque chose de plus par livre d'eau.

SALINE DE MONT-MOROT,
DÉPARTEMENT DU JURA.

Trois sources d'eaux salées ont donné naissance à l'établissement connu sous le nom de Saline de Mont-Morot.

Cette Saline se trouve placée entre la Commune de Lons-le-Saunier et celle de Mont-Morot, sur le territoire de laquelle elle est située.

La première source, qui est formée de la réunion de trois petites sources particulières, se nomme le *Puits du Saloir ;* elle est la plus ancienne ; elle est située au couchant de Lons-le-Saunier, et à une distance de près d'une demi-lieue : cette source est reçue dans un puits ou réservoir construit en pierres de taille, et d'environ soixante pieds de profondeur ; on descend dans ce puits par le moyen d'un escalier pratiqué en partie dans le roc, et partie en maçonnerie.

Le degré de salure de cette eau est de sept et quelquefois huit degrés , et son produit est de cinquante à soixante muids par vingt-quatre heures.

En 1734 , les Suisses avaient établi une Saline dans cet endroit , en conformité d'un traité qu'ils avaient obtenu ; mais , par d'autres arrangemens pris avec eux , le Gouvernement supprima et annulla ce traité dans le courant de 1744.

Les eaux de cette source sont , pendant un certain temps , élevées au moyen d'une machine hydraulique , mise en action par l'eau ; on emploie un rouage à chevaux quand les eaux sont basses ; trois chevaux suffisent pour cela.

La seconde source , nommée le *Puits Cornot* , coule du pied de la montagne , dite *Château de Mont-Morot* , au couchant de Lons-le-Saunier. Son degré de salure est de six et demi , et son produit de cent cinquante à cent soixante muids par vingt-quatre heures.

Les eaux de cette seconde source sont élevées par des pompes mises en action par une grande roue à eau.

Enfin , la troisième source se nomme le *Puits de Lons-le-Saunier* ; elle est située au levant de cette Commune , à gauche de son entrée. Sa salure est d'un degré un tiers , et quelquefois d'un degré et demi.

Son produit est de quatorze à quinze cents muids par vingt-quatre heures. L'eau est élevée par quatre pompes aspirantes , mises en jeu par une grande roue à eau ; le mécanisme est on ne peut pas plus simple ; l'axe de la grande roue ressemble à celui d'un bocard ; de petites ailes , rencontrant une cheville de bois fixée à l'extrémité supérieure des pistons , les élèvent à deux pieds de hauteur , s'échappent ensuite ; les pistons, qui sont de fer , n'étant plus alors soutenus par les ailes de l'axe , retombent par leur propre poids , et sont successivement relevés à chaque révolution de la roue.

Lorsque les eaux manquent , on fait usage , pour l'élévation de ces eaux salées, d'un chapelet ou chaîne sans fin , garnie de roudelles de cuir , dont l'action est entretenue par des chevaux.

Les eaux de ces trois sources sont conduites, en sortant des puits , dans les réservoirs des bâtimens de graduation, pour y être ramenées à quatorze ou quinze degrés , qui est le terme ordinaire de la graduation , où on les porte avant de les soumettre à l'action du feu. Les canaux de conduite sont des corps de bois enfoncés en terre.

Il y a trois bâtimens de graduation dans la Saline de Mont-Morot , qui offrent ensemble quatre mille cinq cents pieds de longueur : un seul de ces bâtimens a besoin de réparation , et exige même d'être promptement reconstruit, car il menace ruine ; les deux autres sont en bon état , mais ont besoin de nouvelles épines, car celles qui y existent sont presque obstruées par la sélénite.

La graduation des eaux salées se fait dans cette Saline à peu près de la même manière qu'à Moutiers ; c'est-à-dire , que l'eau du puits de Lons-le-Saunier , qui n'est qu'à un degré et demi , passe à la première division du bâtiment dit l'*Aile de Lons-le-Saunier* , de celle-là dans la seconde , et de la seconde dans la troisième, et cela à l'aide de pompes aspirantes. Elle est conduite ensuite dans le bâtiment de Cornot , où elle se mêle avec les eaux dudit puits et celles du puits du Saloir ; et lorsque toutes ces eaux ont acquis dix degrés de salure, on les fait couler dans les bassins du troisième bâtiment, dit Aîle de Mont-Morot, où elles sont graduées jusqu'à quatorze ou quinze degrés, et conduites en cet état dans les poëles ou chaudières, pour y être converties en sel par l'action du feu.

Il y a quatre fourneaux évaporatoires à Mont-Morot, qui sont alimentés avec du charbon de terre ; on tire ce charbon de Rive-de-Giez, à cinq lieues au-dessus de Lyon ; on en fait également venir de Berain, à quatre lieues au-dessus de Châlons ; une partie de ces charbons remonte la Saône, et l'autre la descend, et tous remontent la Seille jusqu'à Louhans, distant de cinq lieues de Mont-Morot, où on a établi un entrepôt. On les fait ensuite venir de Louhans par terre, avec des voitures ; ce qui est coûteux et d'une exécution difficile, à raison de la dégradation des chemins.

La benne de charbon, communément du poids de cent trente livres, revient, rendue à la Saline, à près de six livres. Un affleurement de charbon de terre argilleux, découvert près de Mont-Morot, vient de donner quelques espérances de trouver ce combustible si précieux pour nos Salines : les travaux ont été commencés et dirigés par le citoyen Neuvezelles, propriétaire de mines de charbon, qui a beaucoup de connaissances dans cette partie. L'inspection des lieux m'a fait observer que la galerie commencée était trop à la superficie de la terre, j'ai conseillé d'y faire donner un coup de sonde ; on m'a assuré que c'était l'intention du citoyen Neuvezelles.

Les chaudières ou poëles et poëlons de cette Saline ont, à peu de chose près, la même forme et les mêmes dimensions que celles des Salines de la Meurthe ; la partie supérieure de leurs fonds est hérissée de crochets et de morceaux de fer fixés à de grosses pièces de bois, dites *bourbons*. Une seule poële est garnie de cent quarante-trois crochets ou hampes, d'autant de barres de fer de cinq à six pieds de hauteur, et d'onze pièces de bois de douze à treize pouces d'écarissage, soutenues par des dés de pierre, à quatre pieds de la surface de la chaudière. Toutes ces poëles, en un mot, rassemblent tous les défauts, et présentent tous les inconvéniens de celles de la Meurthe.

Les fourneaux ont la même forme que les chaudières, ils n'ont qu'une cheminée à l'extrémité du poëlon, une ouverture ou foyer pour jeter le charbon, et un cendrier. La bouche du foyer se ferme exactement avec une porte de fer, elle n'est élevée que d'un pied au-dessus du sol tout au plus ; l'ouverture du cendrier règne sous toute la longueur du fourneau et de la halle, et prend l'air à l'extérieur du bâtiment ; c'est une voûte ouverte à ses deux extrémités, dans la direction du Nord-ouest et du Sud-est : ces deux ouvertures ont leurs portes qui se ferment ou s'ouvrent selon le vent ; elles peuvent avoir cinq pieds de largeur et six de hauteur : on a menagé, dans le milieu de cette espèce de voûte, une ouverture de neuf à dix pieds de longueur sur toute la largeur de la voûte ; sur les bords de cette ouverture qui communique dans l'intérieur du fourneau, sont posés des barreaux de fer battu d'environ quinze lignes d'écarissage, et à la distance d'un pouce l'un de l'autre ; c'est ce qui forme la grille de ce fourneau.

On consomme dans la Saline de Mont-Morot, environ 108 livres de charbon de terre pour former un quintal de sel.

On y fait communément vingt-cinq à vingt-six mille quintaux par année.

On en fabriquait davantage autrefois ; mais on attribue cette diminution dans le produit , à la diminution successive qu'ont éprouvé les sources , non-seulement dans leur volume , mais aussi dans leurs degrés de salure.

J'observerai cependant que la formation du sel n'est pas proportionnée au produit des sources salées ; car , en n'employant que les eaux du puits du Saloir, dont le degré de salure est de sept, et son produit de soixante muids par vingt-quatre heures , ainsi que celles du puits Cornot, qui donnent cent cinquante muids aussi par vingt-quatre heures , et leurs degrés de salure de six et demi , on aurait tous les jours une masse d'eau au moins de deux cents muids du poids de 600 livres l'un ; et en ne supposant ces eaux qu'à six degrés , à raison des sels étrangers qu'elles contiennent , elles devraient rendre au plus bas 6 livres de sel marin par quintal ; conséquemment 36 livres par muid et 72 quintaux pour les 200 muids , ce qui ferait 720 par décade , 2,160 quintaux par mois , et enfin 26,280 par année , au-lieu de 25,000 qui se font année commune en employant toutes les eaux des trois puits.

Analyse des eaux des puits du Saloir, de Cornot et de Lons-le-Saunier.

1.° Le 22 Vendémiaire , l'an 3.ᵉ de la République, à trois heures et demie après midi , la température de l'air était à quinze degrés et demi au thermomètre de Reaumur. Plongé dans le puits ou réservoir de chacune des trois sources du Saloir, il est descendu à douze degrés au-dessus de la glace.

2.º Le pèse-liqueur de Farenheit y a indiqué sept degrés faibles.

3.º Ces eaux n'ont pas altéré d'une manière bien marquée, les teintures de tournesol et de fleurs de mauve.

4.º Elles ont pris une légère nuance violette avec la teinture de noix-de-galle.

5.º La chaux, saturée de bleu de Prusse, lui a communiqué un coup-d'œil bleuâtre très-léger.

6.º L'acète de plomb ou sel de saturne y a occasionné un précipité blanc, pulvérulent et calboté, qui n'a été redissout qu'en partie par le vinaigre distillé.

7.º L'ammoniac pur a troublé la transparence de cette eau, et a produit un précipité qui a été reconnu pour être de la magnesie.

8.º Le tartre saccarin a également occasionné un précipité terreux qui s'est trouvé être une combinaison de la terre calcaire avec l'acide du sucre, c'est-à-dire, une chaux sucrée.

9.º Le nitrate de Bismuth a donné un précipité blanc un peu calboté.

10.º Le nitrate de mercure a donné un précipité blanc très-abondant.

11.º L'eau de chaux lui a communiqué une légère nuance laiteuse; peu après il s'est fait un précipité soluble dans le vinaigre.

12.º Le muriate barotique y a occasionné une précipitation de spath pesant, ou sulfate barotique.

13.º Le sulfure de potasse lui a communiqué, sur le champ, une belle couleur jaune; mais, quelques momens après, elle s'est troublée, et a pris un coup-d'œil verdâtre.

Puits Cornot.

Les mêmes expériences ont été faites sur les eaux du puits Cornot. Elles ont présenté les mêmes résultats, aux différences suivantes.

1.º La température de l'air était à quinze degrés.

2.º Celle de cette eau indiquait douze degrés.

3.º Le pèse-liqueur de Farenheit marquait six degrés et demi.

4.º La noix-de-galle n'a point altéré la limpidité naturelle.

5.º Et enfin, la liqueur-prussique n'y a développé aucunement la couleur bleue.

Puits de Lons-le-Saunier.

Les eaux du puits de Lons-le-Saunier, traitées avec les mêmes réactifs, n'ont offert que les différences suivantes.

1.º La température de l'atmosphère marquait quinze degrés.

2.º Celle de ces eaux, quatorze.

3.º Et leur degré de salure, un et demi.

4.º La noix-de-galle n'y a pas décélé la présence du fer, non plus que la liqueur prussique.

5.º Le nitrate de Bismuth s'y est précipité sous la couleur blanche ; mais ce précipité a pris, peu après, une couleur grisâtre, ce qui doit être attribué au gas hépatique qui émane de cette eau.

6.º Le précipité, occasionné dans ces eaux avec le nitrate de mercure, était d'un blanc tirant un peu sur le gris, et parsemé de taches jaunes.

7.º Et enfin, le sulfure de potasse y a conservé sa couleur jaune.

Suite de l'analyse des eaux salées du Saloir, de Cornot et de Lons-le-Saunier, par précipitation et évaporation.

1.° Cent livres d'eau du puits du Saloir, précipitées avec un excès de soude bien pure, ont donné un précipité terreux, d'un blanc un peu sàle, et du poids de 4,514 onces ou 26 grains par livre.

2.° Une égale quantité d'eau du puits Cornot, précipitée avec un léger excès d'alkaly marin en liqueur, a fourni un dépòt terreux d'un beau blanc, et qui pesait 4,75 onces.

3.° La mème quantité d'eau du puits de Lons-le-Saunier a fourni, par un semblable procédé, un précipité du poids de deux mille grains, ou vingt grains par livre.

4.° Tous ces précipités, ayant été soumis à l'analyse, ont été reconnus pour être un mêlange de terre calcaire et de magnesie, souillé d'un peu d'ocre ; la faible quantité de terre argilleuse qui s'y trouve n'y est pas tenue en dissolution, elle a été simplement entraînée et chariée par les eaux.

5.° Et enfin, cent livres d'eau provenant des trois sources ci-dessus désignées, graduées à vingt-un degrés, ont produit quatre onces de schelot, huit livres de sel marin pur, une livre et demie de sulfate de soude, et une livre un quart, environ, de muriate calcaire et de magnesie.

Manière de faire le sel d'Epsom dans la Saline de Mont-Morot.

Ce qu'on appelle sel d'epsom à Mont-Morot, n'est que le sulfate de soude ou sel de glaubert, dont on a troublé l'ordre de la crystallisation , en agitant la liqueur saturée de ce sel , lorsqu'elle est encore très-pénétrée de chaleur.

Ce sel se retire du schelot ou matière salino-terreuse, qui se précipite au moment où l'eau en ébullition est absolument saturée de sel marin. Voici comme je conçois que cela arrive : Une eau , tenant en dissolution , jusqu'au point de saturation , une certaine quantité de sel marin et de sulfate de soude , ne peut éprouver par l'évaporation , la plus petite diminution dans sa masse , sans qu'un des deux sels ne tende à se crystalliser ; et comme l'eau bouillante a la propriété de tenir en dissolution une bien plus grande quantité de sulfate de soude que l'eau froide , et que d'un autre côté le sel marin n'est pas plus soluble dans l'eau chaude que dans la froide , il s'ensuit qu'à mesure qu'une eau, qui tient ces deux sels en dissolution , s'évapore par l'action du feu , elle doit abandonner celui des deux dont la tendance à la crystallisation est la plus forte ; c'est ce qui s'opère à l'égard du sulfate de soude , ou du moins c'est ce qui est vraisemblable , puisqu'il se trouve dans le schelot , sous la forme de petits crystaux pulvérulens.

Premier procédé pour extraire le sel d'Epsom du schelot.

On jette dans des cuviers , aux fonds desquels on a posé un lit de paille , soutenu avec du fagotage à la hauteur de cinq à six pouces , une certaine quantité de schelot ; on verse , sur cette matière , de l'eau tiède jusqu'à ce qu'elle en soit parfaitement recouverte ; puis , après l'avoir laissé séjourner pendant une bonne demi-heure , on la fait écouler dans un autre cuvier pour la soumettre à la crystallisation. L'eau, dans ce premier lessivage, acquiert ordinairement vingt degrés de salure.

Deuxième lessivage.

On emploie, pour le second lessivage, de l'eau plus chaude que pour le premier ; on l'y laisse séjourner pendant trois quarts d'heure, sur les matières déjà lessivées, puis on la fait écouler, et on l'expose ensuite à la crystallisation ; cette eau est plus chargée de sulfate de soude que celle du premier lessivage, quoiqu'elle n'indique que dix-sept à dix-huit degrés, attendu qu'elle est moins chargée de sel marin.

Troisième lessivage.

Pour le troisième lessivage, la chaleur de l'eau doit être aussi augmentée, et ainsi successivement, jusqu'à ce que l'on ait obtenu tout le sulfate de soude que le schelot peut contenir. Par un temps froid, huit jours suffisent pour tirer tout le produit du schelot de chaque cuvier, quoiqu'il en contienne près de quarante quintaux. Par un temps doux, au contraire, le lessivage est continué pendant dix à douze jours.

Pour ne rien perdre du sulfate de soude que contient le schelot, lorsque l'eau des lessivages est au-dessus de huit degrés, on le lessive encore à l'eau bouillante, et le produit est mis en réserve pour être passé sur de nouveau schelot. On estime que quarante quintaux de schelot donnent environ sept quintaux et demi de grumeaux ou sulfate de soude non purifié.

On consomme ordinairement, dans ce travail, deux pieds de bois par quintal de sel.

Second procédé.

Le sel, obtenu du schelot dans le premier procédé, est redissout dans une suffisante quantité d'eau pure, et soumis de nouveau à la crystallisation dans des cuviers qui ont ordinairement six pieds de diamêtre en haut, cinq pieds huit pouces en bas, et un pied de profondeur. Chaque cuvier contient environ quatre muids d'eau, et rend communément cinq seaux de grumeaux, ou crystaux de sulfate de soude, du poids de trente livres l'un ; la crystallisation s'opère dans un laps de temps plus ou moins considérable, et ce en raison de la température de l'air.

On a observé que le vent du Nord, qui ne donne pas un froid trop rigoureux, est le plus propre à la crystallisation, elle s'opère alors dans une nuit. Dans un temps calme et tempéré, elle exige deux jours, lorsque la température de l'air est au-dessus de sept ou huit degrés, elle n'a lieu que très-difficilement ; on porte alors les cuviers dans un lieu frais.

L'eau-mère, qui ne donne plus de sulfate de soude par la crystallisation, est rejetée comme inutile.

Troisième procédé.

On n'a en vue, dans la troisième expérience qu'on fait subir au sulfate de soude, que de le diviser en petites aiguilles ou crystaux, pour lui communiquer la forme du sel d'epsom. A cet effet, on verse sur du sulfate de soude, environ le tiers de son poids d'eau bouillante, on entretient l'ébullition jusqu'à la parfaite dissolution du sulfate, puis, après avoir laissé quelques momens reposer la liqueur pour en séparer les hété-rogénités, on la fait couler dans des vaisseaux de bois

pour y crystalliser, ayant soin d'agiter l'eau continuellement pendant tout le temps de la crystallisation;
l'eau excédente est évaporée de nouveau, et soumise
à la crystallisation de la même manière.

La consommation du bois pour le rafinage est communément d'un pied par quintal de sel, et celle totale
pour la confection du sel d'epsom, est de dix cordes
pour cent quintaux, etc.

J'observe que ces procédés m'ont été communiqués
par le citoyen Houdry, ci-devant Inspecteur général
des Salines, auquel ils avaient été envoyés par le
Directeur de celle de Mont-Morot.

SALINES
DE LA TARENTAISE,
DÉPARTEMENT DU MONT-BLANC.

Il existe deux sources d'eaux salées dans la Tarentaise, l'une des ci-devant Provinces du Duché de
Savoie, et qui aujourd'hui fait partie du Département
du Mont-Blanc.

Ces sources sortent d'un roc calcaire et gypseux,
qui se trouve dans une vallée, à un quart d'heure
de distance environ de Mont-Salins, ci-devant Moutiers.

Les eaux de ces deux sources alimentent les Salines de Moutiers et de Conflans; elles ne sont dis-
tantes l'une de l'autre que d'environ dix toises, et
contiennent absolument les mêmes principes.

Elles peuvent être rangées dans la classe des eaux thermales, leur température étant constamment à vingt-deux degrés forts, lors même que le thermomètre est descendu au-dessous de la glace ; le jour que je fis cette expérience, la température de l'atmosphère indiquait dix degrés de chaleur.

La salure de ces eaux est à deux degrés du pèse-liqueur de Farenheit, lorsqu'elles n'indiquent que dix degrés au-dessus de la glace. Elles déposent, en sortant de leurs sources, un sédiment ocreux, du plus beau rouge, sur le sol où elles coulent, et sur les parois des écheneaux de bois destinés à les conduire à Moutiers ; ce précipité ne se fait plus remarquer à une distance plus éloignée.

Le produit de la première source, est d'un cube de dix pouces, c'est-à-dire, de cent pouces cubiques ; et celui de la seconde est de quarante-huit pouces et une ligne.

L'eau de la première source est conduite à la Saline de Moutiers, et celle de la seconde, à Conflans.

On emploie, dans l'une et l'autre Saline, des bâtimens de graduation pour concentrer les eaux salées, c'est-à-dire, pour opérer l'évaporation spontannée d'une partie du fluide aqueux. Il y a quatre bâtimens de graduation à Moutiers. Comme ces bâtimens diffèrent très-peu de ceux qui sont décris dans l'Encyclopédie, par ordre de matière, et dans beaucoup d'autres Ouvrages, je me dispenserai d'en parler : j'observerai seulement que les épines sur lesquelles les eaux salées doivent tomber, sont plus lâchement amoncelées, ou moins serrées les unes sur les autres ; que, dans nos bâtimens de graduation

des

des Salines du Jura et du Doubs, ces épines, rangées sur deux lignes paralelles, à dix-huit pouces de distance l'une de l'autre, ont vingt-huit pieds de hauteur, dix pieds d'épaisseur à leur bâse, six à leur partie supérieure, et environ douze cents pieds de longueur.

Chaque bâtiment de graduation est divisé en dix arches; l'eau, venant de la source, est élevée par le moyen de pompes aspirantes, mises en mouvement par une grande roue à eau, et chaque arche a son réservoir particulier et sa pompe. L'eau qui a passé sur les épines de la première arche, est élevée du premier réservoir, et portée sur les épines de la seconde arche; on l'élève ensuite du second réservoir pour la faire passer sur les épines de la troisième, et ainsi de suite, jusqu'à ce qu'elle ait parcouru successivement toutes les arches. Arrivée à la dixième, on la fait passer et repasser sur ses épines, jusqu'à ce qu'elle ait acquis dix-huit degrés de salure, au plus; elle est conduite alors dans des poëles, pour y être soumise à l'évaporation par l'action du feu. L'eau ne commence à déposer sa sélénite, que lorsqu'elle a acquis six à sept degrés de salure; elle en fournit bien peu avant, et elle cesse d'en donner lorsqu'elle est à vingt-cinq.

Les poëles ou chaudières sont construites avec des plaques de fer battu, jointes les unes aux autres par des clous rivés. Ces chaudières ont une forme carrée; elles ont vingt-cinq pieds de longueur, sur dix-sept pieds de largeur, et environ deux pieds de hauteur. Pour soutenir le fond de ces chaudières, on y a rivé des crochets de fer, en forme d'anses de paniers; ces crochets s'agraffent à des morceaux

D

de fer, fixés à de grosses pièces de bois qui traversent les chaudières sur toute leur largeur, et sont portées par des dés de pierre.

Les chaudières ou poëles sont posées sur les bords supérieurs des murs des fournaux, à deux pieds et demi de la grille, mesurée dans le milieu, et sur la largeur de dix pieds environ ; le sol présente ensuite un talu qui se termine à quinze pouces vers les bords latéraux du fourneau.

Il y a quatre poëles à Moutiers, et deux à Conflans. Les fourneaux ont la même forme que les chaudières, c'est-à-dire, qu'ils décrivent un carré long ; des quatre poëles qui sont à la Saline de Moutiers, trois ont deux cheminées placées collatéralement, et l'autre n'en a qu'une à son extrémité ; cette cheminée a une soupape, ou régulateur, pour ralentir ou augmenter l'activité du feu. Les quatre fourneaux pompent l'air à l'extérieur du bâtiment, par le moyen de deux canaux pratiqués à cet effet, et s'ouvrent ou se ferment alternativement, pour prendre le vent qui domine. Chaque fourneau a son cendrier pratiqué immédiatement sous le foyer, lequel reste constamment fermé, et ne sert qu'à retirer les cendres. L'ouverture du foyer est éloignée de quatre pieds de la grille, et élevée de trois pieds du sol ; cette ouverture a deux pieds et demi en carré, et une porte de fer à deux battans, la ferme exactement.

La grille des fourneaux est composée de saumons triangulaires de fonte, de trois pouces de face, et de huit pieds de largeur, et n'est éloignée de la bouche du fourneau que de deux pieds et demi. La largeur de la grille est de quatre pieds et demi, et la distance des saumons paralellement placés les uns près des autres, n'est que de deux pouces.

Toute la surface des chaudières est couverte d'un manteau d'évaporation, fait en planches de sapin, qui présente la forme d'une pyramide tronquée. Cette espèce de cheminée, faite dans les vues de conduire toutes les vapeurs humides au-dessus des bâtimens, est élevée à six pieds au-dessus des chaudières.

On a pratiqué une cheminée en cul-de-hotte, immédiatement sur l'ouverture du foyer, pour empêcher la fumée des fourneaux de se répandre dans l'atelier.

Les chaudières, remplies d'eau à dix-huit degrés de salure, restent en feu pendant huit jours, et produisent pendant ce laps de temps, environ 220 quintaux de sel marin.

La consommation du bois pour cette opération, est de sept toises, mesure de Savoie, qui équivalent à peu près à quatorze cordes de France, la toise ayant huit pieds de hauteur, autant de longueur, sur trois pieds et demi d'épaisseur, qui est la longueur ordinaire du bois de chauffage. Le bois qu'on emploie est le sapin.

Dans les trois premiers jours on consomme quatre toises de bois, et dans le reste du temps, on n'en brûle plus que trois, parce qu'on diminue singulièrement l'action du feu.

Tout le sel qu'on obtient par cette manipulation, est à gros crystaux, et se nomme sel à gros grains.

On retire continuellement de la chaudière le sel à mesure qu'il se précipite, et on le jette dans des cônes renversés, faits en bois, et ouverts à leur pointe, pour laisser écouler l'eau de crystallisation qui est surabondante : ces cônes se nomment couloirs, et ne diffèrent de ceux dont on se sert dans les Salines de la Meurthe, qu'en ce qu'ils sont un peu plus grands.

Ces couloirs, remplis de sel, restent quelque temps suspendus au-dessus des chaudières, et se reportent ensuite à côté du trotoir des fourneaux, pour faire éprouver au sel son entière dessication, et de-là il est porté en magasin.

Les poëlons, à l'extrémité de chaque chaudière, ne sont pas mis en usage dans cette Saline, il n'en existe qu'un dans celle de Conflans ; le terme moyen du produit de cette Saline, est annuellement de dix-sept à dix-huit mille quintaux de sel. Les eaux-mère, ou résidu des chaudières, sont regardées comme inutiles, et jetées dans la rivière ; on en retirait autrefois une certaine quantité de sel de glaubert, par un procédé que je ferai connaître ; mais il est négligé aujourd'hui.

De la Saline de Conflans.

L'emplacement de cette Saline est dans une plaine, à l'extrémité de la vallée de Tarentaise, bornée au Sud par la rivière de l'Isère ; à l'Ouest, par le torrent Arly, qui descend des vallées de Beaufort et d'Ugine ; à l'Est, par la vallée de Tarentaise ; et au Nord, par le rocher nommé la Roche, sur lequel est placé Conflans.

Cette Saline est située à quatre lieues de Moutiers, un quart de lieue de Conflans, et à une égale distance du bourg de Lhôpital.

L'eau qui alimente cette Saline vient, ainsi que nous l'avons déjà dit, de la seconde source thermale qui sort d'un roc calcaire et gypseux, à un quart d'heure de Moutiers. Mais, quoique son produit soit de quarante-huit pouces, il n'en arrive à la Saline tout au plus que moitié, le reste se perd en chemin par la mauvaise construction du canal, qui est découvert presque par-tout, et n'est formé que de cheneaux de bois de sapin d'une seule pièce ajoutés bout à bout.

Les procédés pour faire le sel à Conflans, sont les mêmes qu'à Moutiers, les fourneaux et les poëles ont la même forme. Il n'y a qu'un seul bâtiment de graduation à Conflans, dont la longueur est de douze cents pieds, il est détruit sur une longueur de près de cinq cents pieds, mais l'autre partie est en assez bon état.

On n'y fabrique que quatre mille cinq cents à cinq mille quintaux de sel, encore est-il d'une assez mauvaise qualité, car on y pousse l'évaporation des eaux salées jusqu'à siccité ; ce qui produit un sel mêlangé de muriates calcaire et de magnesie, ainsi que de sulfate de soude.

Je ne ferai ici aucune observation sur les défauts que présentent les fourneaux et les poëles dans leurs constructions, ni sur les manipulations vicieuses employées dans la fabrication du sel ; je m'étendrai sur ces objets, lorsque je parlerai des améliorations en général.

Bâtiment de graduation à cordes.

On se sert à Moutiers d'un moyen très-ingénieux pour favoriser la crystallisation du sel marin à l'air libre ; il consiste à faire couler, sur des cordes fixées perpendiculairement, de l'eau concentrée à vingt-huit ou trente degrés. Pour cet effet , on gradue l'eau salée sur les épines , jusqu'à ce qu'elle soit parvenue à dix-huit ou vingt degrés ; on la conduit ensuite dans une poële pour y être soumise à l'évaporation par l'action du feu ; arrivée à vingt-huit ou trente degrés de salure , on la fait couler toute bouillante , par le moyen de cheneaux de bois , dans un réservoir pratiqué à cet effet , d'où elle est ensuite élevée par le moyen d'un hau... ou machine hydraulique à triple chaîne de fer et à seaux , mis en action par une grande roue à eau , et de-là est conduite dans un cheneau de bois de sapin , qui règne sur toute la longueur du bâtiment.

Ce cheneau ou auge est percé de distance en distance , et porte de petits robinets de bois pour ne laisser couler que la quantité d'eau nécessaire sur les cordes destinées à servir d'appui au sel marin lorsqu'il se crystallise.

Cette espèce de bâtiment de graduation a environ deux cent cinquante pieds de longueur , il est divisé en six arches par des murs de deux pieds d'épaisseur, revêtu de planches de sapin bien jointes , pour empêcher que l'eau salée ne les pénètre , et éviter par-là leur prompte détérioration.

Chaque arche renferme quarante lignes de cordes ou sans fin ; chaque ligne est composée de vingt-cinq cordes fixées perpendiculairement, et paralellement à la distance de trois pouces l'une de l'autre.

Les vingt-cinq cordes sans fin , dont chaque ligne est formée , sont supportées à leur partie supérieure par un petit cheneau de sapin échancré, pour tenir les cordes en place , et permettre à l'eau salée de s'écouler dessus lorsqu'on ouvre les petits robinets qui communiquent au grand cheneau , ou conduit en bois.

Ces petits cheneaux, qui soutiennent les cordes, et qu'on nomme cheneaux d'arrosement, ont environ six pieds de longueur ; leurs extrémités portent sur des pièces de charpente très-solides, et sont placées à six pouces de distance l'un de l'autre ; en sorte que chaque arcade contient quarante cheneaux d'arrosement, qui portent chacun vingt-cinq cordes doubles, ce qui fait deux mille cordes simples, et douze mille pour les six arches, c'est-à-dire, pour la totalité du bâtiment. L'extrémité inférieure des cordes sans fin, est fixée par des morceaux de bois de sapin ou cheverons, d'une longueur égale à celle des petits cheneaux supérieurs ou d'arrosement. La grosseur des cordes n'excède pas trois à quatre lignes de diamètre, et ont environ trente pieds de hauteur.

Le sol du bâtiment est formé de planches de sapin bien unies et bien jointes ensemble ; elles sont posées sur un plan un peu incliné, pour déterminer l'eau salée qui s'écoule des cordes, à se rendre dans un grand cheneau de bois, placé au pied du bâtiment, et de-là dans le réservoir, pour être élevée de nouveau, et conduite sur les cordes.

Le côté du bâtiment, qui est le plus exposé à la pluie, est garni de *stores* faits de toile grossière.

On commence ordinairement l'opération de la crystallisation du sel marin, vers le milieu de Juin, (*vieux style*), et on la discontinue sur la fin d'Août, et ce à raison du climat de ce pays qui est froid et très-humide.

Lorsque le sel, qui s'est attaché aux cordes, présente un cylindre de deux pouces, ou deux pouces et demi de diamètre, on le brise avec un instrument dont je parlerai plus bas ; cette manipulation se nomme abattue : on fait deux abattues par année , et quelquefois trois , mais rarement ; chaque abattue produit trois mille cinq cents à quatre mille quintaux de sel marin très-blanc , et d'une excellente qualité.

Machine employée à casser le sel crystallisé sur les cordes.

L'instrument qu'on emploie à casser le sel qui s'est attaché aux cordes , est une espèce de chassis en bois garnis de fer ; ce chassis a un pied de largeur , et environ six pieds de longueur. Dans le milieu est une autre pièce de bois aussi armée de fer , laquelle est rendue mobile par deux boulons de fer qui en‑ trent dans les deux petites traverses du chassis. A l'extrémité d'un de ces boulons , et en‑dehors du chassis , est fixée une espèce de bascule , laquelle , au moyen de deux cordes attachées à ses deux ex‑ trémités , imprime à la pièce de bois du milieu , un mouvement alternatif de droite et de gauche , qui l'oblige à frapper avec assez de force , contre les parois du chassis. Lorsqu'on veut se servir de cet instrument , on enlève les clavettes de fer qui main‑ tiennent en place l'une des petites traverses du chas‑ sis ; on fait ensuite passer dans l'intérieur deux ran‑ gées de cordes chargées de sel , de manière à ce que la pièce mobile soit entre deux ; on remet la traverse en place ; puis, à l'aide de deux poulies , on élève la machine jusqu'à l'extrémité supérieure des cordes ; puis deux ouvriers , placés à droite et à gauche , mettent la machine en mouvement , au moyen des cordes attachées à la bascule , ce qui brise le sel sur toute la longueur des cordes, en fesant descendre la machine peu à peu.

Le sel est ensuite recueilli et porté en magasin.

Roc salé de la montagne d'Arbonne.

Il existe dans la montagne d'Arbonne, à une lieue de Nargue-Sarte, District de Moutiers, un rocher quartzeux et gypseux, qui contient beaucoup de sel marin. Une Compagnie Suisse a ouvert, il y a quelques années, une gallerie dans l'intérieur de cette montagne, vraisemblablement dans les vues de découvrir le sel gemme qu'elle soupçonnait devoir y être contenu. Ce roc ne paraît en effet devoir sa salure qu'à l'infiltration d'une eau salée qui le pénètre continuellement; mais cette eau doit-elle sa salure à du sel gemme, sur lequel elle passe, ou à des dépôts terreux mêlangés de sel? C'est ce que je ne puis dire. J'observerai seulement que si les Suisses ont eu l'intention d'en chercher la cause, ils s'y sont mal pris, et qu'ils ont fait leurs travaux beaucoup trop bas. Cette montagne est composée, en grande partie, de schiste, de gypse, de pierres calcaires ou carbonates de chaux bleuâtres, d'alumine et de roches quartzeuses.

Puits salé de Saltzbronne.

Il existe à Saltzbronne, petite Commune du District de Saaralbe, un puits d'eau salée, dont on n'a encore fait aucun usage.

Ce puits est construit en bois de la manière la plus solide. Il a quarante-cinq pieds six pouces de profondeur en deux parties. La partie supérieure, qui a une forme octogone, est revêtue en mâdriers de chêne, et a vingt-six pieds six pouces de profondeur. La seconde partie est de forme carré; elle a dix-neuf pieds de profondeur, et n'est revêtue de planches qu'à la profondeur de neuf pieds, le surplus est sans aucun revêtement.

Deux sources d'eau salées se rendent dans ce puits; l'une, qui vient du fond, fournit des eaux à quatre degrés et demi de salure, et quelquefois à cinq; son produit est de neuf muids par heure, ou deux cent seize par vingt-quatre heures. Les eaux de la seconde source sortent d'une galerie pratiquée à vingt-six pieds au-dessus du fond; son produit est de vingt-cinq muids par heure, ou six cents par vingt-quatre heures; leur salure n'est que de deux degrés et demi.

Ces sources sortent du sein de la terre dans une même direction, et paraissent venir toutes deux du *Sud-est*; elles entraînent avec elles un dépôt terreux, que j'ai reconnu être un mélange de schiste, de même nature que celui du pays de Nassau-Saarbruck, et de sable quartzeux transparent.

Ce dépôt ne fait aucune effervescence avec les acides, à l'exception du sulfurique qui en a dissout une partie.

Le produit général du mélange de ces eaux, est de trente-quatre muids par heure, et de huit cent seize muids par vingt-quatre; leur degré commun en salure, est de trois et quelque chose de plus.

Ces eaux, soumises à l'analyse, ont démoutré, par la voie des réactifs, qu'elles tenaient un peu de fer en dissolution, ainsi que de la sélénite du sel marin à baze terreuse et du sulfate de soude. Ces eaux m'ont présenté un phénomène assez singulier. Etant des-

cendu dans le fond du puits pour reconnaitre la
nature du sol et les degrés de salure des eaux, j'ai
remarqué quelque chose de noire, que je pris d'abord
pour un morceau de bois ; il avait environ dix-huit
pouces de longueur et cinq pouces de circonférence :
sa pesanteur était assez considérable, et se rapprochait
des stalactites, par la forme, ce qui me fit naître la
curiosité de l'examiner de plus près. J'ai reconnu que
c'était un bout de chaîne de fer, qui était tellement
encrouté, que tous les chaînons adhéraient entre eux,
et ne semblaient plus former qu'un tout. Un morceau
de cette chaîne, poussée au feu jusqu'au rouge, a
exhalé des vapeurs d'acide sulfureux, très-suffo-
quantes ; ce qui laisse croire que la sélénite, et peut-
être le sulfate de soude, contenus dans cette eau, ont
été décomposés par le fer qui s'est emparé de leur
acide.

Le puits de Saltzbronne peut produire par année
150,000 quintaux de sel. Trois poëles pourraient être
établies dans cette usine, pour en avoir constamment
deux en activité ; mais il faudrait y construire un
bâtiment de graduation, à moins que les circonstances
présentes, ne nous mettent à même d'employer celui
qui existe dans le Comté de la Layenne, où il serait
facile d'y faire couler ces eaux à l'aide de canaux
de bois ; cela serait d'autant plus avantageux, que
tous les bâtimens de cette Saline sont neufs et assez
bien construits, et qu'on éviterait par-là, une très-
grande dépense. Cette usine pourrait être alimentée
avec du charbon de terre, soit qu'elle fût établie à
Saltzbronne ou dans le Comté de la Layenne. On pourrait tirer le charbon de terre de Guersweillers, à une
lieue au-dessus de Saarbruck, en lui fesant remonter

la Saarre ; mais il faudrait qu'elle fût rendue navi-
gable , depuis Saarbruck jusqu'à Saltzbronne.

On pourrait également en tirer pour le même usage
de Douteweiller , à une lieue et demie de Saarbruck ;
le charbon qui en provient est de la meilleure qualité.

Il existe aussi une houillière excellente, à une demi-
lieue de la Saarre , sur la rive gauche de Saarbruck ,
et à trois lieues de distance.

On pourrait également tirer le charbon de terre de
la houillière de Grisseborn , située à une petite demi-
lieue de Sarre—libre ; elle est on ne peut pas plus
abondante , et fournit du charbon de bonne qualité ;
il serait encore meilleur , si une pompe à feu y était
établie pour extraire les eaux, parce qu'elle procurerait
le moyen de pénétrer plus profondement sous terre.

Si on réunissait le puits de Saltzbronne aux eaux qui
alimentent la Saline du Comté de la Layenne, on pourrait former une usine du produit annuel de quatre-
vingt à quatre-vingt-dix mille quintaux de sel , année
commune.

Fin de la première Partie.

MÉMOIRE

SUR

LES SALINES NATIONALES

DES

DÉPARTEMENS DE LA MEURTHE, DU JURA,

DU DOUBS ET DU MONT-BLANC.

SECONDE PARTIE.

OBSERVATIONS.

TEL est l'état actuel des Salines Nationales, relativement aux produits des sources salées, à la nature et aux degrés de salure de ces eaux, à la formation annuelle du sel marin, et à la consommation des combustibles. Il me reste maintenant à examiner si, dans l'intérêt de la République, ces usines doivent continuer d'être administrées sur l'ancien pied, et quelles seraient les améliorations à y faire.

FOURNEAUX.

1.° J'observerai d'abord que les fourneaux sont mal construits, en ce que la forme carrée qu'on leur a donnée, est la moins propre à économiser le combustible, parce que la flamme, qui ne peut être réfléchie par les parois augeleux de ces fourneaux, ne circule point autour du fond des chaudières, et perd conséquemment beaucoup de son effet.

2.° Le sol ou air des fourneaux, qui n'est ordinairement formé qu'en terre assez meuble, étant presque toujours recouvert de cendres et de matières terreuses chargées de sel, absorbe beaucoup de chaleur, loin de favoriser sa reverbération sous les chaudières ou poëles.

3.° Les ouvertures des foyers ou bouches de ces fourneaux sont beaucoup trop grandes, mal fermées et trop éloignées des grilles ; ce qui oblige l'ouvrier d'employer toute sa force pour lancer une bûche dans le foyer, et le met continuellement dans le cas d'écraser le bois à demi-consommé, et de faire tomber dans le cendrier une quantité considérable de matières encore susceptibles de combustion.

4.° L'air, qui entre dans ces fourneaux, non-seulement par les ouvertures pratiquées pour enlever les cendres, mais aussi par les bouches et par l'espace vide qu'on a laissé dans la plupart de ces fourneaux, entre les portes des foyers et la naissance des grilles, est contrarié, dans ses effets, par des courans opposés ; ce qui fait que la flamme ne fait que vaciller, sans l'allonger, qu'elle ne frappe, pour ainsi dire, qu'un seul point de la poële, et que la chaleur est rejetée en grande partie hors des fourneaux ; ce qui incommode beaucoup les ouvriers.

5.° Les fourneaux des poëlons ont plusieurs de ces défauts ; ils ont, comme ceux des poëles, une forme carrée ; ils reçoivent la chaleur des grands fourneaux par deux ouvertures ou conduits pratiqués à leur extrémité, et laissent évacuer la fumée par deux cheminées, ce qui établit un trop grand courant d'air, et fait perdre beaucoup de chaleur.

Poëles ou Chaudières.

6.° On a observé que les poëles se détruisaient bien plutôt dans leurs angles, que dans toutes les autres parties : cela ne tiendrait-il pas à l'espèce de déchirement qu'éprouve le fer lorsqu'on le ploye à angle droit pour donner la forme carrée aux poëles ?

Cette forme d'ailleurs est la moins propre à résister aux effets de la chaleur et du froid qu'éprouvent alternativement les poëles ; les efforts qu'elles soutiennent dans ces circonstances, se portant sur leurs parois, occasionnent une réaction, qui oblige les angles à céder ; ce qui déforme les poëles ; la figure, à peu près élliptique qu'on donnerait aux chaudières, les rendrait bien plus solides.

7.° La grande quantité de happes ou crochets faits en anses de paniers, qu'on a rivés sur toute la surface intérieure des poëles pour en soutenir les fonds, présente les plus grands incouvéniens. 1.° Ces crochets supposent à ce qu'on puisse enlever complettement le schelot qui, conséquemment, reste mêlé au sel, ou s'attache au fond des chaudières. 2.° Ils empêchent qu'on ne rable parfaitement les poëles pendant le salinage ; 3.° ils donnent beaucoup d'embarras lors de l'enlèvement du sel ; 4.° ils contribuent à la formation et à la quantité des écailles ; 5.° et enfin, ils sont cause que l'écaillage des poëles est une opération très-difficile et très-pénible.

8.° Comme la plupart des chaudières sont posées sur les bords supérieurs des murs des fourneaux, sans être parfaitement lutées tout autour, la chaleur s'échappe facilement ; ce qui augmente la consommation du bois, etc.

MARÉCHALLERIE.

9.° Il s'en faut bien que les ouvrages de Maréchallerie soient portés, dans les Salines, au point de perfection dont ils sont susceptibles. La plupart des chaudières sont grossièrement faites ; les clous, qui réunissent les plaques de fer les unes aux autres, offrent des têtes saillantes et de différentes grosseurs, le vice de ces clous rend l'opération du schelotage imparfaite, l'enlèvement du sel difficile, et le rablement exacte des poëles presque impossible.

Les trous, que les ouvriers sont obligés de faire aux plaques de fer pour les joindre les unes aux autres, sont tous inégaux, et laissent des bavures tout autour, qui s'opposent à ce que les têtes de clous ne soient parfaitement rivées sur les platines.

Lorsqu'une chaudière coule, et que les Maréchaux sont obligés de la réparer, ils percent la tole tout autour de la déchirure avec un poinçon qu'ils enfoncent à grands coups de marteaux, à l'effet de pouvoir y river une pièce. Cette opération ne peut se faire sans ébranler fortement les poëles, et sans contribuer à leur détérioration.

Comme

Comme tous ces inconvéniens n'ont lieu que parce que les ouvriers n'ont pas les instrumens nécessaires pour donner toute la perfection possible à leurs ouvrages, j'indiquerai ceux qu'il conviendrait de mettre à leur disposition.

Tirans et Bourbons.

10.° Ces énormes pièces de bois, auxquelles on a donné le nom de bourbons, et qui, dans plusieurs Salines, reposent sur les bords supérieurs des chaudières, dans d'autres sont portées sur des dés de pierre, servent à fixer les tirans, ou morceaux de fer qui s'accrochent aux happes pour supporter le fond des poëles.

Chaque chaudière porte neuf bourbons, et est garnie de cent quarante-cinq tirans. Et comme ces pièces de bois ont environ un pied d'écarrissage, il s'ensuit que les chaudières en sont recouvertes de près de moitié, ce qui s'oppose singulièrement à l'évaporation de l'eau, et contribue beaucoup à la mal-propreté du sel, en ce que la poussière qui s'attache à ces morceaux de bois, est entraînée dans les poëles par les vapeurs, lorsqu'elles se condensent en eau.

Manipulations.

11.° Quand on a introduit dans les poëles, de la manière que je l'ai expliqué, la quantité d'eau suffisante pour la formation de cent ou cent dix quintaux de sel, on ferme les robinets, pnis on enlève l'écume qui s'est formée à la surface de l'eau salée ; et quand les pieds de mouches paraissent, on lève

E

les augelots pour retirer le schelot qui s'y est précipité ; on soutient l'activité du feu jusqu'à la dessication presque totale de la matière salée, on lève
alors le sel , et on le porte à l'étuve.

Ces procédés sont vicieux, non-seulement parce
qu'ils occasionnent une perte considérable en sel
marin , qui , par l'excessive chaleur qu'il reçoit ,
s'attache aux parois des chaudières , et augmente
l'épaisseur des écailles, mais aussi parce qu'un sel
ainsi formé , ne peut être que de mauvaise qualité ,
en ce qu'il contient une certaine quantité de muriate calcaire , et que la dissolution de ce sel terreux
a nécessairement consommé du bois en pure perte ,
car il attire l'humidité de l'air , et se résout en liqueur lors de son exposition au magasin.

S C H E L O T A G E.

12.º Le moyen employé à scheloter est insuffisant ;
les augelots reçoivent bien une partie du schelot que
le mouvement de l'eau en ébullition leur envoie;
mais une partie tombe à côté, il en reste même au
fond des chaudières, qui s'attache insensiblement à
leurs parois. Ce n'est que par le moyen des rables
qu'on peut parvenir à l'enlever entièrement.

13.º Lorsque les ouvriers veulent écailler une
poële , c'est-à-dire , enlever l'incrustation saline qui
s'attache fortement aux chaudières , ils font du feu
dessous pour dessécher et calciner la surface de la
matière salée qui touche aux parois , afin de détruire
l'adhérence qu'elle a contractée avec le fer.

Ils la brisent ensuite à grands coups de masse, et
l'enlèvent à mesure qu'elle se détache.

Il est aisé de sentir qu'une telle manipulation ne

peut se faire qu'en détériorant singulièrement les vaisseaux évaporatoires , et sans exposer les ouvriers à perdre la vue, ainsi que cela est arrivé plusieurs fois. On trouvera , dans les améliorations , le moyen d'écailler facilement les poëles , et sans aucun danger.

Améliorations.

Pour parer à tous les inconvéniens dont je viens de parler , et pouvoir parvenir à augmenter considérablement la formation du sel , en portant une grande économie dans la consommation du bois, j'avais proposé l'exécution d'un nouveau fourneau , au moyen duquel l'action du feu devait se diriger de manière que quatre poëles pouvaient en recevoir les effets plus ou moins marqués.

Ce fourneau , au-lieu d'être carré , présentait à chacun de ses angles , la forme d'une tour creuse : (*Voyez Planche première.*) deux canaux de chaleur partaient des côtés de ce fourneau , et venaient se diriger dans deux autres plus petits, placés à droite et à gauche ; je les avais nommés fourneaux collatéraux : on avait pratiqué , à l'extrémité de ces deux fourneaux , une issue ou conduit de chaleur, qui s'ouvrait dans un quatrième fourneau destiné à porter le poëlon ; et enfin une seule cheminée , établie à son extrémité , servait à entretenir le courant d'air nécessaire à la combustion et à l'évacuation de la fumée.

La poële principale ou poële *formatrice* avait vingt-deux pieds de longueur , vingt de largeur , et vingt-deux pouces de profondeur ; ses angles étaient tronqués et formés en tours creuses, et devaient poser sur les bords supérieurs des murs du grand fourneau , par un recouvrement de trois pouces , dans tout son pourtour , qui devait être parfaitement luté avec de la terre à fours ou terre argilleuse.

Cette poële était supportée par un pillier fait en briques ou en fer de fonte, et devait avoir environ neuf à dix pouces de diamètre ; il était placé dans le centre du fourneau , c'est-à-dire , à l'extrémité de la grille. Ce pillier était destiné à porter deux fortes barres de fer posées en sautoir et solidement attachées au fond extérieur de la poële par des doubles crochets rivés dans l'intérieur. Les quatre extrémités de ces barres portaient sur les murs du fourneau , et se terminaient en crochets pour faciliter l'enlèvement de la poële , lorsqu'elle exigeait quelques opérations. Le poëlon conservait la forme carrée , et était placé sur le quatrième fourneau et sur la même ligne que la grande poële.

Quant aux deux poëles collatérales , elles étaient élevées à dix-huit pouces au-dessus de la grande ; elles devaient contenir entre elles environ moitié en sus d'eau qu'il n'en fallait pour remplir la poële formatrice , et étaient posées sur les deux fourneaux collatéraux ; elles étaient destinées à recevoir , par les conduits du grand fourneau , une chaleur suffisante, non-seulement pour opérer en partie l'évaporation des eaux salées qu'on devait y introduire immédiatement des sources , mais aussi pour déterminer la précipitation du schelot. L'avantage de ces deux chaudières collatérales ne se bornait pas à ce que je viens d'exposer ; j'avais aussi pensé que, comme l'eau qu'elles recevaient des sources devait nécessairement se concentrer par la chaleur, on pouvait , à l'aide de deux douilles soudées à leurs fonds , et au moyen de deux petits écheneaux en bois , la faire couler dans la grande chaudière , ce qui donnait lieu d'espérer qu'on pourrait faire au moins trois levées de sel dans quarante-huit heures, au-lieu de deux et même souvent d'une qu'on fait actuellement. Mais quelque avantage qu'offrait cette nouvelle construction de poëles et de fourneaux, elle exigeait des changemens trop dispendieux dans toutes les Salines ; cet appareil présentait même de grandes difficultés , et devenait presque impossible à établir dans la plupart , à cause du peu d'espace de leurs ateliers ; je m'étais d'ailleurs assuré qu'il ne dispensait pas entièrement du schelotage dans la poële principale ou *formatrice* , inconvénient que j'avais principalement en vue d'éviter ; c'est ce qui m'a fait différer , jusqu'à présent , d'en demander l'exécution. Cependant, dans le cas de nouvelles constructions à faire , il serait bon de tenter cet essai ; des observations que j'ai faites depuis , pendant mon séjour dans les Salines de la République , m'ont conduit à la découverte d'un moyen simple et peu coûteux d'augmenter de beaucoup la formation du sel marin , et de diminuer de moitié la consommation des combustibles. Je vais entrer dans tous les détails relatifs à cet objet.

1.° Il ne s'agit que de réparer les fourneaux et les chaudières qui existent maintenant, ainsi que je vais l'expliquer ; il faut tronquer les angles des fourneaux , et leur donner la forme d'une tour creuse, à l'aide d'une maçonnerie en briques et en terre argilleuse.

2.° Rapprocher les grilles à dix-huit pouces des bouches ou ouvertures des foyers.

3.° Diminuer le diamètre de ces ouvertures, et de les réduire à deux pieds et demi de largeur sur trois pieds et demi de hauteur.

4.° Garnir ces ouvertures de portes de fer , et les

faire battre dans un chassis de pierre , auquel on aura pratiqué une feilleure d'un pouce de profondeur.

5.° Le cendrier , immédiatement formé sous la grille , aura deux issues, une de chaque côté , par lesquelles on pourra non-seulement recueillir les cendres , mais qui donneront aussi passage à l'air , nécessaire à l'entretien du feu.

6.° Ces issues auront des portes qui les fermeront exactement ; et dans le milieu de ces portes , on ménagera une espèce de régulateur, dans la forme d'un volet à coulisses , pour pouvoir , à volonté , diminuer ou augmenter les courans d'air.

7.° Le sol ou air de ces fourneaux sera construit en briques liées avec de la terre argilleuse ; on l'établira sur un plan un peu incliné , c'est-à-dire , qu'on l'élevera insensiblement depuis les bouches des fourneaux jusqu'aux conduits de chaleur qui doivent se diriger sous le poëlon : on donnera la même forme aux deux parties du sol qui sont de chaque côté de la grille , c'est-à-dire , qu'on les élevera peu à peu , à commencer des côtés de la grille jusqu'aux murs collatéraux , de manière à ce que le fond de la chaudière , en cet endroit , ne fût distant du sol que de dix-huit pouces.

8.° Les grilles seront formées , à l'ordinaire , de saumons de fonte , et auront les mêmes dimensions ; elles ne seront éloignées du fond des chaudières , que d'environ trois pieds et demi.

9.° On pratiquera , à l'extrémité des fourneaux , deux conduits de chaleur qui se dirigeront dans le fourneau du poëlon.

10.° Une seule cheminée, construite à l'extrémité de ce dernier fourneau , servira à l'évacuation de la fumée, et son tuyau aura un régulateur pour éviter la déperdition de la chaleur le plus qu'il sera possible.

11.° Les poëles pourront conserver leur forme carrée, on ne leur donnera celle des fourneaux que lorsqu'on sera dans le cas d'en faire de neuves.

12.° Ces poëles ou chaudières seront supportées dans tout leur pourtour par un recouvrement, de deux à trois pouces, sur les murs des fourneaux.

13.° Enfin, seize pilliers de fonte, d'environ cinq pouces de diamêtre, portant en tête des saumons triangulaires de même matière, soutiendront le fond de chaque poële; le poëlon pourra s'en passer, au moyen de cette disposition; on pourra supprimer toutes les happes, les crochets, les tirans et les bourbons.

Cette construction de fourneaux et de poëles conviendra parfaitement à la formation du sel, soit qu'on emploie du bois ou du charbon de terre; le seul changement qu'exigerait ce dernier combustible, serait de construire sous les fourneaux, au-lieu de cendriers dont j'ai parlé, une voûte ou canal en maçonnerie, de cinq pieds de largeur sur six d'élévation. Ce canal régnerait sur toute la longueur des fourneaux et des ateliers, et recevrait l'air extérieur par ses deux extrémités qui resteraient ouvertes; ces deux ouvertures seraient garnies de portes bien jointes, et faites de manière qu'elles pourraient s'ouvrir entièrement, ou en partie, à l'effet de diminuer ou d'augmenter les courans d'air à volonté. Cette voûte serait percée dans le milieu, c'est-à-dire, immédiatement sous les grilles, et ce sur toute leur longueur et largeur. Ces grilles seraient formées de barres de fer d'un pouce et demi d'écarrissage, et pourraient être placées à un pouce de distance l'une de l'autre, et porteraient sur les bords de l'ouverture de ladite voûte.

INSTRUCTIONS

Relatives au service des Salines de la République.

Les procédés, employés dans les Salines à retirer des sources le sel marin qui y est contenu, sont fondés sur la différence qui existe entre les propriétés de la plupart des substances salines et celles de l'eau. Le calorique, qui se développe dans l'acte de la combustion, s'unissant à l'eau, la réduit en vapeurs et l'oblige à se volatiser ; mais il n'exerce point la même action sur le muriate de soude ou sel marin : ce sel jouit d'une telle fixité, qu'on peut le pousser au feu jusqu'à le faire rougir, sans qu'il éprouve d'autre altération que la perte d'une certaine portion d'eau, non essentiellement nécessaire à sa composition.

Ainsi, pour obtenir le sel marin tenu en dissolution dans de l'eau, il ne s'agit donc que de favoriser l'évaporation du fluide aqueux, en l'exposant à l'action du feu. Mais, quelque facilité que présente ce moyen, la formation du sel en grand n'en exige pas moins beaucoup d'attention et de soins.

Je vais entrer dans quelques détails relatifs à ce sujet ; et pour mettre un certain ordre dans ce que j'ai à dire, je distinguerai trois époques dans l'opération totale. Je nommerai la première Remplissage, la seconde Schelotage, et la troisième Salinage.

Remplissage.

La première attention qu'on doit avoir en commen-
çant de mettre une poële en feu, c'est de bien la
nétoyer, et d'examiner avec soin si elle est en état
de contenir de l'eau. La suppression des happes, des
tirans et des bourbons n'étant pas encore arrêtée, et
nous trouvant obligés d'employer les chaudières dans
l'état actuel où elles se trouvent, quoiqu'elles soient
entièrement déformées, il est nécessaire de fixer solidement les tirans qui tiennent aux endroits creux des
poëles, et de laisser jouer dans les happes ou crochets
ceux qui se trouvent attachés aux proéminences formées au fond desdites poëles par la réaction du feu.
On doit veiller également à ce que tout le pourtour
de la chaudière soit parfaitement luté avec la partie
supérieure des murs des fourneaux : on emploîra, à
cet effet, des morceaux de tole provenant des débris
de vieilles poëles ; on les assujettira avec une espèce
de mortier fait avec de l'argile, du sable et des
crasses salées, de manière à ce que l'air extérieur
ne puisse pénétrer, par-dessous la chaudière, dans le
fourneau, et à ce que la flamme et la fumée ne puissent s'échapper.

La poële ainsi disposée, on jette du bois sur la
grille du fourneau, puis on ouvre le robinet du réservoir pour laisser introduire l'eau salée dans la chaudière ; et lorsque son fond en est recouvert d'environ
deux à trois pouces, on place les augelots le long des
bords latéraux des chaudières, à la distance de deux
ou trois pouces l'un de l'autre, puis on allume le feu,
et on le pousse assez vivement pour faire entrer promptement l'eau en ébullition ; l'eau salée, pendant tout

ce temps , continue à couler dans la poële, de manière cependant à ce que son volume ne puisse arrêter l'ébullition , qui doit se soutenir jusqu'à ce que la poële soit tout-à-fait remplie. Cette première opération n'exige ordinairement que cinq ou six heures, quand on emploie de l'eau à dix-neuf ou vingt degrés ; mais il faut la faire durer sept ou huit heures de plus, quand elle n'a que quatorze ou quinze degrés de salure.

C'est sur-tout dans ces premiers instans que les coulées se font observer ; un clou mal rivé, une plaque de fer mal jointe, peuvent y donner lieu ; l'action du feu suffit souvent seule pour les arrêter, en fesant acquérir peu à peu, au sel qui s'écoule avec l'eau , une dureté telle qu'il peut servir de bouchon. Lorsque ce moyen est insuffisant, on a recours à une peletée de schelot qu'on jette dans la poële , précisément dans l'endroit où on juge qu'est le défaut, et on promène ensuite légèrement un rable dessus : si cela ne suffit pas, et que l'ouverture soit trop considérable , il faut recourir à un autre moyen; on emploie , à cet effet , une certaine quantité de chaux réduite en pâte avec un peu d'eau , on l'étend sur des étoupes, on les applique sur le trou , et on recouvre le tout d'une plaque de fer qu'on presse contre le fond de la chaudière.

Si la coulée ne tient qu'à l'enlèvement d'un clou , (ce qu'on observe quand l'eau sort en jet) une simple cheville de bois peut arrêter le mal.

SCHELOTAGE.

Quelques limpides et pures que paraissent les eaux salées en sortant de leurs sources, elles charient presque

toujours avec elles une certaine quantité de limon,
ou d'autres matières hétérogènes qui échappent aux
yeux, mais que la chaleur développe et que le mouvement d'ébullition porte à la surface de l'eau, sous
la forme d'une pellicule légère qu'on nomme écume.
On a observé que les eaux qui avaient été long-temps
exposées à l'air dans les bâtimens de graduations, en
produisaient plus que celles qui n'avaient pas été soumises à cette opération.

Lorsque cette écume a acquis une certaine consis-
tance, on l'enlève avec des espèces de raquettes faites
en osier, et on ne discontinue ce travail que quand on
s'aperçoit qu'il ne s'en forme plus de nouvelle, et que
la surface de l'eau reste bien nette.

Cette manipulation ne finit ordinairement que lorsque les premiers crystaux de sel marin commencent à
paraître à la surface de l'eau, particulièrement dans
les angles des chaudières ; c'est ce que l'on nomme pieds
de mouches.

Il faut alors rabler la poële : pour cet effet, deux
ouvriers, tenant chacun à la main un rable ou ratis-
soire de fer à longs manches, se placent de chaque
côté de la poële, l'un à une de ses extrémités, et
l'autre à l'extrémité opposée ; ils portent alors les
rables dans la chaudière, un peu au-delà de son
milieu, puis ils les retirent à eux doucement, jusqu'à
la distance de deux pieds environ des bords où sont
placés les augelots. Ils continuent de rabler ainsi
jusqu'à ce qu'ils ayent parcouru tout le fond de la
chaudière, puis ils reviennent une seconde fois sur
leurs pas pour répéter la même manœuvre.

On lève ensuite les augelots, et, après les avoir un
peu inclinés pour faire écouler dans la chaudière l'eau

qui surnage le schelot, on les pose le long des murs ou pignons des trotoires. Mais, comme ces augelots n'ont pu recevoir la totalité du schelot, à mesure qu'il s'est précipité, et qu'il en est resté au fond de la poële, principalement vers les bords, il faut le retirer avec précaution ; on y parvient en employant des rables à manches plus courts que les premiers, et en rablant de manière à ramener le schelot dans les angles des chaudières ; on l'en retire ensuite en élevant doucement le rable et en le fesant glisser légèrement le long des parois de la poële.

Cette opération doit s'exécuter lentement et adroitement, car c'est d'elle que dépend en grande partie la pureté du sel : elle doit être aussi continuée jusqu'à ce que l'eau entre en salinage, autrefois appelée soccage ; c'est-à-dire, jusqu'à ce qu'on s'aperçoive que le sel marin commence à se précipiter au fond de la chaudière : ce qui est très-facile à saisir, en examinant, soit au jour ou devant la bouche du fourneau, une petite quantité d'eau puisée dans la chaudière avec une assiète ou une capsule de bois.

SALINAGE.

L'instant du Salinage commence lorsque les premiers crystaux de sel marin tombent au fond de la chaudière ; c'est aussi le moment où les ouvriers doivent redoubler de soins et d'attention, soit dans la manière de conduire leur feu, soit dans le rassemblement du sel, à mesure qu'il se forme, afin d'empêcher qu'il n'adhère aux parois des poëles, soit enfin dans l'*équillage*, c'est-à-dire, dans la manipulation qu'ils employent pour enlever l'écaille dans les parties de la chaudière où elle est, pour ainsi dire, entrée en fusion.

C'est dans cette opération, dis-je, qu'il faut sur-tout que les ouvriers renoncent à leur ancienne routine, qu'ils abandonnent leurs vieux préjugés, et qu'ils se dépouillent de toute espèce d'entêtement et de prévention ; qu'ils ne croyent plus que, parce qu'ils ont, de pères en fils, exercé un état, ils l'ayent pour cela porté au degré de perfection dont il est susceptible ; qu'ils ne croyent plus qu'on ne peut parvenir à former du sel qu'avec un feu violent ; qu'ils ne croyent plus, dis-je, que plus leurs fourneaux sont remplis, plus leur feu a d'activité.

Il faut leur démontrer que l'eau en ébullition dans un vase ouvert, est le plus haut degré de chaleur que ce liquide puisse acquérir, et que l'évaporation dans leurs poëles, excitée par une grande quantité de combustible, n'est pas plus abondante que celle qu'on provoque au moyen d'un feu modéré, soutenu et bien ménagé. Ils ne seront pas plutôt convaincus de cette vérité, qu'ils s'abstiendront d'entasser continuellement le bois dans leurs fourneaux, ainsi qu'ils le font aujourd'hui. Cette économie, dans les combustibles, est fondée sur les lois de la plus saine physique ; et loin qu'elle puisse influer sur le rallentissement de l'action du feu, elle lui donnera, au contraire, plus d'activité, en évitant d'occasionner cette prodigieuse quantité de fumée noire, qui entraîne en pure perte une grande consommation de bois, sans développer de chaleur.

Je reviens à l'opération du Salinage. Lorsqu'on observe qu'une certaine quantité de sel s'est précipitée, il faut le ramener doucement avec des rables, auprès des bords collatéraux des poëles, et répéter cette manipulation toutes les demi-heures. Quand la formation

du sel sera arrivée à peu près aux trois quarts, c'est-
à-dire, lorsque les deux masses salines, placées à
droite et à gauche, présenteront, sur toute la longueur
de la poële, deux espèces de pyramides d'environ trois
pieds et demi de base sur deux pieds et demi, ou trois
pieds de hauteur, il faudra ramener le sel dans les
quatre angles des chaudières, et en former des tas de
forme conique, auxquels on donnera toute la hauteur
possible : on continuera de même à rabler jusqu'à la
fin de l'opération, pour ramener, vers les bords de la
poële, tout le sel qui se formera, et on le jetera à
mesure, sur les cônes dont je viens de parler.

1.° Il serait sans doute à désirer, qu'au-lieu d'amon-
celer, dans les quatre angles des chaudières, le sel
qui s'est précipité pendant l'évaporation, on pût l'enlever sur le champ, en l'introduisant dans des vases
de bois faits en cônes, et le porter de suite au séchoir,
ainsi que cela se pratique dans les Salines de la Meurthe
et du Mont-Blanc. Mais cette méthode n'étant pas
encore adoptée dans le Jura et le Doubs, il faudra y
suivre, jusqu'à nouvel ordre, les moyens usités ; c'est-
à-dire, qu'on continuera d'enlever le sel par cuveaux,
et de le déposer sur des *scilles*, ou plans inclinés,
faits en planches, pour le faire égoutter et achever
sa dessication ; on le portera ensuite au magasin.

2.° Il faudra éviter soigneusement de pousser l'évaporation jusqu'à siccité ; il vaudrait beaucoup mieux
laisser un peu trop d'eau salée dans la poële, que de
la dessécher entièrement comme on le fait aujourd'hui ;
car c'est cette opération vicieuse qui fait qu'une partie
du sel marin se dessèche trop et s'attache au fond des
poëles, et qui lui communique une couleur jaune, et
qui fait enfin qu'il se trouve mêlé avec beaucoup

d'autres sels amers, tels que le muriate calcaire et le sulfate de soude. Ce travail, ainsi que je le propose, ne procurera pas seulement une économie des combustibles, mais il ménagera singulièrement les poëles, et fera éviter une grande consommation en fer, en produisant plus de sel et de meilleure qualité.

Je n'ai pas besoin de dire qu'on doit insensiblement modérer le feu à mesure que l'évaporation diminue, on sent aisément que son action doit être presque nulle vers la fin.

3.º Une cuite ne doit durer en tout que vingt-quatre heures, quand on emploie de l'eau à vingt ou vingt-un degrés de salure ; et six heures de plus, quand on se sert d'eau à quinze degrés. Lorsque la cuite est finie, on enlève l'eau-mère, qui se trouve dans la poële, avec de petits seaux à longs manches, et on la verse dans le poëlon, on la mêle ensuite avec une égale quantité d'eau salée ordinaire ; et, après avoir rempli de nouveau la chaudière, de la manière que je l'ai expliqué plus haut, on procède à son évaporation, comme la première fois, en observant seulement de bien rabler la poële, pendant tout le temps du remplissage, pour empêcher que l'écaille ne gagne de l'épaisseur. Sept cuites consécutives peuvent avoir lieu de la même manière ; mais la huitième doit être faite avec de l'eau, à sept ou huit degrés au plus, parce qu'étant peu chargée de sel, elle exercera plus puissamment ses propriétés dissolvantes sur l'écaille, diminuera conséquemment son volume, et produira par-là autant de sel, que si on avait employé de l'eau à quinze degrés. Sept autres cuites se feront ensuite comme les sept premières, en y apportant les mêmes précautions. On en fera enfin une seizième avec de l'eau, à sept ou huit degrés, ce qui terminera la *remandure*. Cette manière de cuire a eu lieu à Arc ; et chaque cuite, à faibles degrés, a rendu de 30 à 33 quintaux de plus que n'en contenait l'eau employée ; c'est-à-dire, que l'écaille qui s'est trouvée dans le fond de la poële, à la fin de la remandure, n'était que du schelot pur, et avait peu d'épaisseur. On pourra, à chaque cuite, retirer le sel du poëlon et le mêler avec celui des poëles ; parce que, quoiqu'il ait été formé dans une certaine quantité d'eau-mère, il ne sera pas moins très-pur et d'une grande blancheur, sur-tout si on n'oublie pas de mêler l'eau-mère qu'on jette dedans, à chaque cuite, avec autant d'eau salée venant de la source ou de la graduation, et si on enlève à chaque fois du poëlon l'eau grasse ou résidu de la crystallisation, pour en extraire le sulfate de soude.

On remarque souvent, aux fonds extérieurs des poëles, de grandes taches d'un noir bleuâtre, et quelquefois d'un rouge brun ; ces taches reconnaissent différentes causes ; lorsque la flamme darde quelque temps, d'une manière fixe, sur un point de la chaudière, la chaleur vive qu'elle éprouve en cet endroit fait soulever l'écaille et laisse le fer à nud ; l'eau salée s'insinue peu à peu dans cette cavité, et s'y convertit en sel, qui y reste renfermé, comme dans une espèce de boîte ; c'est ce que les ouvriers nomment *Crapauds*. D'autres fois la chaleur a été portée à un si haut degré, que l'écaille est entrée en fusion ; elle s'est alors attachée au fer, et y adhère de telle sorte, qu'elle semble former corps avec lui. Il faut se hâter de remédier à ces inconvéniens, aussitôt qu'on les aperçoit : car, si on les laissait subsister long-temps, ils entraîneraient la détérioration des poëles ; parce que le fer, ne se

trouvant

trouvant plus alors en contact immédiat avec l'eau, passerait promptement à l'état d'oxide.

Pour y parer, il ne faut que briser l'écaille avec un instrument tranchant, semblable à un ciseau de charpentier ; on enlève ensuite l'écaille de la chaudière, qui, sans cette précaution, s'attacherait de nouveau aux poeles, et produirait de semblables inconvéniens.

Essais faits dans les Salines d'Arc et de Mont-Morot, avec du charbon de terre et du bois.

Pour me convaincre que le vieux préjugé, généralement établi dans les Salines, qu'on ne peut faire de bon sel qu'en employant des eaux graduées à quatorze ou quinze degrés au plus, était mal fondé, j'ai cru devoir faire les expériences suivantes, en présence des citoyens *Cornu* et *Aubert*, agens de la Commission des revenus nationaux.

Le 18 Vendémiaire, j'ai fait fermer toutes les communications d'une partie du bâtiment de graduation, dit Aîle de Mont-Morot, sur une longueur de 400 pieds environ. L'eau, contenue dans le réservoir de ce bâtiment, était à dix-huit degrés forts. Dans la graduation du 19, elle est parvenue à dix-neuf degrés ; dans celle du 20, à dix-neuf degrés et demi ; dans celle du 21 à vingt degrés forts. Le 22, elle est montée à vingt-un degrés forts. Le 23, elle n'a rien gagné. Enfin, le 24 à sept heures du matin, la trouvant au même état, j'en ai fait remplir une poële ordinaire, puis j'ai fait mettre le feu au fourneau. Au moment de l'ébullition, la chaudière s'est couverte d'une écume verdâtre que

F

j'ai fait enlever , ainsi qu'une petite quantité de terre limoneuse qui s'était précipitée au fond. Après trois heures de grand feu , les crystaux de sel paraissant en abondance sur la surface de l'eau , j'ai fait rallentir l'action du feu. On a retiré ensuite les augelots placés sur les bords intérieurs des poëles , pour recevoir le schelot. Le feu lent a été entretenu pendant vingt heures à peu près , puis on l'a laissé tomber tout-à-fait. J'observerai que , pendant presque toute l'opération , j'ai fait promener , sur le fond de la poële , des espèces de ratissoires de fer qu'on nomme rables , pour empê-cher le sel de s'attacher , et qu'à mesure qu'il se formait , je le fesais ramener le long des bords de la chaudière : on a ensuite retiré le sel de la poële pour le porter à l'égouttoir ; vingt-quatre heures après on l'a soumis à la balance , il s'est trouvé du poids de 113 quintaux ; l'opération n'a duré que vingt-quatre heures , et n'a consommé que soixante-trois bennes de charbon de terre , du poids de cent trente-huit livres l'une ; ce qui fait soixante-et-dix-sept livres par quin-tal , au-lieu de cent huit livres qu'on a consommées jusqu'à présent , pour former une pareille quantité de sel , c'est-à-dire , un quintal.

Une seconde expérience a été faite de la même manière , et toujours dans vingt-quatre heures , elle a produit trois cent vingt-quatre seaux de sel , du poids de 38 livres l'un , qui font en tout 12,312 livres ou 123 quintaux 12 livres. La consommation du charbon de terre ne s'est portée qu'à cinquante-six bennes , c'est-à-dire , à la moitié , à peu de chose près , de ce qu'on en brûlait autrefois pour faire sept quintaux de plus que dans cette expérience.

Enfin , le produit d'un troisième essai , dont les eaux

étaient à vingt-deux degrés, s'est porté à 124 quintaux, et la consommation du charbon n'a été que de
cinquante-quatre bennes. Ainsi j'ai démontré tout à la
fois qu'on pouvait abréger de beaucoup la durée des
cuites et en doubler même le nombre dans le cours de
l'année ; qu'on pouvait faire de très-bon sel avec des
eaux graduées à vingt-un degrés et même au-dessus,
et qu'enfin on pouvait parvenir à diminuer de près de
moitié la consommation des combustibles.

Le rapport qui m'a été fait à Arc, par l'Agent
du service de la Saline de Mont-Morot, de trois
autres cuites faites à la suite des trois premières,
présente encore plus d'avantage. Il m'a seulement observé qu'il craignait qu'à la quinzième cuite, l'incrustation saline, formée au fond de la poële, n'eut acquise
une épaisseur considérable.

Je ferai voir qu'il est facile de parer à ce léger
inconvénient, et même d'en tirer avantage.

Essais faits à la Saline d'Arc ou Chaux.

Quoique le temps fût peu favorable à la graduation, je n'en ai pas moins cru devoir répéter mes
expériences à la Saline d'Arc, avec du bois, au-lieu
de charbon de terre.

Le deux Frimaire, n'ayant pu porter l'eau du réservoir du bâtiment de graduation, qu'à quinze degrés de salure, je l'ai fait couler dans une poële
et un poëlon ; et quand leurs fonds en ont été recouverts d'environ deux pouces, j'ai fait allumer le
feu dessous, sans cependant le pousser bien fort ;
j'ai continué à laisser couler l'eau jusqu'à ce que
les deux vaisseaux en fussent remplis à deux pouces

près des bords ; j'ai fait alors placer les augelots autour de la poële, puis on a augmenté le feu pour
faire entrer l'eau en ébullition : cette première opération a durée environ sept heures ; peu de temps
après on a enlevé l'écume qui s'était formée à la
surface de la chaudière, et quand les pieds de mouches, ou premiers crystaux de sel, ont commencé à
paraitre, on a retiré les augelots de la chaudière
pour vider le schelot qu'ils contenaient ; j'ai ensuite
fait enlever celui qui était resté tout autour de la
poële, avec des rables. Cette manipulation faite, on
a rallenti l'action du feu, de manière cependant à
soutenir constamment la chaudière en ébullition ;
lorsque je m'apercevais qu'une certaine quantité de
sel était précipité dans le fond de la poële, je le
fesais ramener avec des rables vers les bords colla-
téreaux de la chaudière, ayant l'attention de n'en
laisser que le moins possible dans le milieu ; en sorte
que cette manipulation se répétait de demi-heure
en demi-heure. Quand il n'y a plus eu qu'environ
deux pouces d'eau dans la poële, j'ai laissé tomber
le feu ; j'ai fait ensuite relever, le long des bords de
la chaudière, tout le sel qui s'était formé pendant
tout le temps de la cuite ; je l'ai laissé quelque
temps entassé pour lui donner le moyen de s'égoutter, puis je l'ai fait porter à l'étuve pour achever sa
dessication, après quoi il a été porté au magasin.
Il s'était encore formé un peu de sel pendant le por-
tage, je l'ai fait retirer de la poële, porter ensuite
à l'étuve, et de-là au magasin. Le sel du poëlon a
été levé de même, porté à l'égouttoir et au magasin.
Toutes ces manipulations ont duré dix-sept heures
environ, ce qui démontre que l'opération totale en
exige vingt-quatre.

Six cuites consécutives ont été faites de cette manière. J'ai employé, pour ces six cuites, six cent
soixante-quatre muids d'eau, à quinze degrés de salure,
et deux tiers.

Ces six cent soixante-quatre muids auraient dû
produire soixante-deux mille quatre cent seize livres
de substance salée, ou six cent vingt-quatre quintaux seize livres.

Ils n'ont donné, suivant la manière de compter
des Chefs de cuites, que quatre cent cinquante-six
quintaux quarante livres de sel de première qualité,
quarante-huit quintaux seize livres de sel du poëlon,
treize quintaux dix-huit livres de schelot, soixante
quintaux d'écailles, qui n'étaient que du sel très-
pur et seulement desséché, et environ six quintaux
d'eau-mère.

Ce qui fait en tout cinq cent quatre-vingt-trois
quintaux soixante-et-quatorze livres. Il y a donc eu
erreur de quarante quintaux quarante-deux livres.

Pour m'assurer d'où elle pouvait provenir, j'ai fait
peser la sixième cuite, lorsque le sel a été bien sec;
elle a donné trois cent huit seaux de sel de première qualité, du poids de trente livres trois onces
l'un, et trente-six seaux de sel du poëlon de trente-
six livres deux onces l'un, ce qui fait en tout, cent
trois quintaux quatre-vingt-deux livres quatre onces,
au-lieu de quatre-vingt-quinze quintaux trente-six
livres qu'elle avait été évaluée. Il y a donc eu huit
quintaux quarante-deux livres de plus qu'il n'avait été
compté dans cette seule cuite; ce qui ne laisse aucun
doute que l'erreur des quarante quintaux quarante-
deux livres, sur les six cuites, provient du comptage
par seaux, attendu que cette manière de constater
le poids ne peut qu'être aproximative.

Le vrai produit en sel de ces six cuites a donc été de cinq cent quarante-quatre quintaux quatre-vingt-dix-huit livres.

J'ai consommé trente-six cordes trente-neuf pieds de bois, ou onze cent quatre-vingt onze pieds, ce qui fait, par quintal, deux pieds deux pouces cinq lignes, au-lieu de trois pieds un pouce onze lignes qu'on consomme ordinairement, ainsi qu'il en conste par le tableau des essais faits par la ci-devant Ferme générale, et qu'on trouvera à la fin de ce Mémoire.

Il y a eu une économie d'onze pouces six lignes de bois par quintal de sel, c'est-à-dire, de près du tiers. Il est donc évident que j'aurais pu économiser la moitié du combustible au moins, si j'eusse pu employer de l'eau de vingt à vingt-un degrés de salure, au-lieu de quinze deux tiers. Il est également démontré que j'ai fait en 144 heures, ce qu'on n'a fait jusqu'à présent qu'en 288.

J'observerai que, pour éviter d'obtenir une grande quantité d'écailles, il faut, toutes les six cuites, faire couler dans la poële de l'eau à faibles degrés de salure, c'est-à-dire, à neuf ou dix degrés au plus ; par ce moyen simple, on redissout plus des trois quarts de l'écaille, et on fait une bonne cuite.

L'eau-mère, qui restait dans la poële, a été rejetée dans le poëlon, après chaque levée de sel, et ce pour en retirer encore, par une évaporation lente, tout le sel marin qui y était contenu, c'est-à-dire le muriate de soude ; le résidu a été ensuite porté dans des réservoirs en bois, pour être employé à la formation du sulfate de soude, ou sel de glaubert, de la manière que je l'expliquerai.

Une autre précaution a été prise, et dont je dois

rendre compte, c'est qu'à chaque fois qu'on a été dans le cas de faire couler de nouvelle eau dans la poële, on l'a rablée pendant tout le temps qu'elle a employé à se remplir.

Les améliorations dans les Salines ne se bornent pas à ce que je viens d'exposer ; j'ai déjà parlé d'un procédé connu en Savoie, au moyen duquel on pouvait faire, dans une partie de l'année, du sel de la meilleure qualité avec un pied de bois par quintal, ou vingt-cinq livres de charbon de terre ; il faudrait donc faire construire des bâtimens de graduation à cordes dans les Salines de la République, où je ne suis pas éloigné de croire qu'on pourrait faire six abbatues, année commune, ce qui produirait, avec un seul bâtiment d'une dimension double de celui dont j'ai parlé, 48000 quintaux de sel ; en sorte qu'en multipliant ces bâtimens, sur-tout dans les Salines du Département de la Meurthe, où les eaux salées sont si abondantes, et la plupart à seize et dix-sept degrés de salure, les moindres à treize et quatorze, on pourrait aisément porter la formation du sel à plus de 800000 quintaux ; en ne consommant qu'environ le tiers des combustibles employés aujourd'hui à la fabrication de 500,000 au plus.

Ces établissemens ne seraient pas d'ailleurs très-dispendieux, car ils n'exigent que très-peu de maçonnerie ; mais seulement des bois de construction et des cordes. Ces cordes, à ce que je crois, pourraient être faites avec du jonc marin ou sparte, ce serait du moins un essai à faire. L'entretien de ces bâtimens serait d'ailleurs peu considérable ; car depuis huit ans que celui dont j'ai donné la description, est formé, il n'a encore exigé que le remplacement de quelques cordes.

Mais quand cette dépense première serait assez considérable , pourrait-elle entrer en comparaison avec les avantages sans nombre qui en résulteraient , tant pour les consommateurs, que pour la République? Qu'on réfléchisse seulement sur la quantité d'eaux , riches en salure , qu'on fait continuellement couler, à grands frais, à la rivière, dans la Saline de Château-Salins. Qu'on ne perde pas de vue que Dieuze n'emploie pas la moitié de ses eaux à défaut de combustibles ; et qu'enfin on abandonne à Moyenvic un des plus beaux puits qui existe , et dont le produit, comme je l'ai déjà dit , est de 400 muids par vingt-quatre heures , et le degré de salure de son eau , de treize et quelque chose.

Quand les bâtimens de graduations que je propose , ne feraient que mettre à même d'employer toutes ces eaux , le produit en sel qui en résulterait , serait au moins de 300000 quintaux, ce qui seul devrait suffire pour faire approuver mon projet.

L'avantage de ce nouveau procédé pour faire le sel, ne se borne pas à ce que je viens de dire ; il met encore à même de faire, pendant l'hiver, une grande quantité de sulfate de soude ; il ne s'agit que de faire passer sur les cordes , dans un temps froid, les eaux-mères ou résidu de la crystallisation du sel marin, sur lesdites cordes.

La seule petite Saline de Moutiers peut en fournir, de cette manière, huit mille quintaux au moins par année. Sur ma demande, le Citoyen Besson , Représentant du Peuple, a requis le Directeur d'en faire fabriquer, cet hiver, le plus qu'il lui serait possible, et de le tenir en magasin jusqu'à ce qu'il en fût autrement ordonné. Ce sel pourra être utilement em-

ployé à la formation de la soude , dans ce Départ-
tement , où les pyrites , et le charbon pyriteux , sont
très-abondans.

Suppression de la Machine hydraulique à chevaux , dans la Saline de Salins-Libre.

Le simple exposé que j'ai fait de la dépense annuelle qu'occasionne la machine destinée à élever
les eaux salées de la Saline de Salins-Libre , doit
suffire pour en faire désirer la suppression , et de lui en
voir substituer une meilleure , et beaucoup moins
dispendieuse : aussi je propose , en son lieu et place ,
une pompe-à-feu du genre de celles des Citoyens
Perrier et *Chaillot.* Non-seulement cette pompe procurerait une extraction d'eau beaucoup plus abondante , mais elle n'occasionnerait que peu de frais ,
tant pour son entretien , que pour le combustible
nécessaire à la mettre en action , la houille et la
tourbe pouvant être employées à cet usage. Cette
machine pourrait à la vérité coûter quarante à cinquante mille livres ; mais dans deux années au plus ,
cette dépense se trouverait couverte , et elle pourrait
ensuite produire une économie annuelle de plus de
vingt-quatre mille francs.

J'exposerai cependant que , quelque avantage que
présente cette pompe , l'exécution n'en doit être or-
donnée qu'après avoir tenté le moyen que vient de
donner le Citoyen Besson , Représentant du Peuple.
Son coup-d'œil observateur , et l'expérience qu'il a
acquise dans l'hydraulique , lui ont fait découvrir la
possibilité de faire venir à cette Saline , par le secours de plusieurs files de cors , une partie de l'eau

d'un moulin qui se trouve tout près de cette usine. Si le nivellement démontre que la chose peut s'effectuer, ce moyen mérite, sans contredit, la préférence, sur-tout lorsqu'on se sera assuré que l'eau suffira en tout temps, même dans les plus grandes sécheresses, pour faire mouvoir les machines hydrauliques de cette Saline.

Instrumens nécessaires aux Ateliers des Maréchaux.

Les Maréchaux, dans toutes les Salines, manquant d'instrumens et d'outils convenables, ne font que des ouvrages très-imparfaits ; lorsqu'il s'agit, par exemple, de racommoder une poële, ils portent du charbon sur l'endroit déchiré, y mettent le feu, et avec un soufflet font rougir la tole, ils la percent ensuite avec un poinçon, à grands coups de marteaux, puis ils y posent une pièce qu'ils fixent au fond de la poële avec des clous rivés rougis au feu. Toute cette opération ne peut avoir lieu sans faire éprouver des secousses violentes à la poële, ce qui la détériore ; tandis qu'avec un trépan, on aurait pu parer à la plus grande partie de cet inconvénient.

Je demande donc que les Maréchaux, dans toutes les Salines, soient pourvus de crics pour soulever les chaudières, de trépans pour percer les toles et les chaudières sur place, lorsqu'il s'agit de les racommoder, d'un balancier, mû par l'eau ou à bras, pour faire les clous, leur donner une forme régulière, et sur-tout pour que les têtes, au moyen d'une empreinte ou estampe, prennent une forme hémisphérique applatie d'un pouce et demi de diamètre,

et enfin d'un emporte-pièces , semblable à ceux dont
on se sert à Chaillot pour la construction des chaudières de pompes à feu.

Moyens de tirer parti des matières salées qu'on rejette comme inutiles dans les trois Salines de la Meurthe.

1.º Quand une poële a été soutenue en activité
pendant douze à quinze jours , on est obligé de suspendre le travail pour l'écailler, c'est-à-dire, pour
enlever l'incrustation saline qui s'est attachée à ses parois. Ces matières salines qui portent le nom d'écailles ,
sont plus ou moins épaisses ; il s'en trouve qui ont
jusqu'à trois ou quatre pouces ; mais en général on
croit pouvoir les porter à une épaisseur moyenne
d'un pouce et demi , sur toute la surface de la poële ,
qui est ordinairement de vingt-deux pieds sur vingt.

Le poids moyen des écailles provenant d'une poële ,
est de soixante quintaux ; et comme on est obligé
d'écailler une poële vingt-quatre fois dans une année , elle doit fournir , dans ce laps de temps , quatorze cent quarante quintaux de matières salines.
Quatre poëles sont en activité de service à Salins-
Libre , quatre à Moyenvic et huit à Dieuze. Ces
seize poëles peuvent donc fournir 23040 quintaux d'é-
cailles par année.

2.º Pour obtenir le sel marin dans son plus grand
état de pureté , on retire des poëles ou chaudières ,
une matière salino-terreuse qui se précipite pendant
l'évaporation des eaux salées ; cette opération se
nomme schelotage , et la matière qu'on enlève s'appelle schelot. Chaque poële en fournit environ un

quintal dans les vingt-quatre heures, ce qui fait 16 quintaux pour les seize poëles par jour, 160 par décade, 540 par mois et 6480 quintaux par année.

3.° Quelqu'attention qu'on apporte dans la construction des poëles, on ne peut éviter les coulées qui se font de temps en temps. L'action du feu qui est très-violente, opère promptement l'évaporation d'une partie de l'eau qui s'écoule des poëles ; le sel marin qu'elle tient en dissolution s'attache à la partie extérieure des fonds des vaisseaux évaporatoires, et forme des espèces de stalactites, auxquelles on a donné le nom de pierres de sel ; ce sel, en cet état, n'a perdu aucune de ses propriétés, c'est du sel marin privé de son eau de crystallisation. Le produit, pendant une année, peut en être évalué à 1500 quintaux pour les trois Salines.

4.° Une autre partie de l'eau salée provenant des coulées, venant à tomber sur les matières embrasées, et se mêlant aux braises et aux cendres, forment des masses plus ou moins grosses, que l'on nomme crasses noires salées. Les trois Salines en produisent au moins 10800 quintaux, année commune.

5.° Les balayeures des magasins, et les matières salines qu'on peut retirer des égouts des couloirs, peuvent être évaluées à un produit annuel de 3600 quintaux.

6.° Enfin, on doit encore ajouter à toutes ces matières salées, les crasses que l'on trouve dans les démolitions des fourneaux, et dont la quantité peut être évaluée à plus de douze mille quintaux par année pour les trois Salines. On n'a jusqu'à présent tiré aucun parti de ces matières, elles ont été

rejetées comme inutiles , et amoncelées à l'air libre
dans de vastes chantiers , dont elles forment le sol
à plus de six pieds d'épaisseur. Comme le but prin-
cipal de ma mission était de perfectionner et d'améliorer
les Salines , j'ai cru , pour répondre à la confiance que
le Comité de Salut public avait bien voulu avoir en
moi, devoir faire l'analyse de toutes les matières salées
rejetées comme inutiles dans les Salines de la Meurthe ;
il en résulte que vingt livres d'écailles , vingt livres
de pierres de sel , vingt livres de crasses noires ,
vingt livres de balayeures et vingt livres de crasses
provenant de la démolition des fourneaux , ont donné
par lexiviation, filtration et évaporation , soixante
livres de sel marin très – blanc , et de très – bonne
qualité, vingt livres de sulfate de soude et six à sept
livres de muriate calcaire et de magnesie , etc.

La tourbe a été employée avec succès , comme
combustible , dans ces expériences.

Ainsi , comme on peut retirer annuellement des
trois Salines dont je viens de parler , au moins
57,420 quintaux de matières salées , il s'ensuit qu'on
peut former 28,710 quintaux de sel marin très-blanc ,
et propre à tous les usages, et environ 6320 quintaux de sulfate de soude , etc.

On retire aussi , tous les cinq jours , environ dix
quintaux d'eaux – mères , connues sous le nom de
muires grasses , des petites chaudières ou poëlons ,
qui sont placés à l'extrémité des grandes poëles ; les
seize poëlons qui se trouvent dans les trois Salines ,
peuvent donc fournir 220 quintaux par décade, 660
par mois, et 7920 quintaux par année. Ces eaux-
mères , soumises à l'évaporation et à la crystallisation , donnent à peu près la moitié de leur poids de

sulfate de soude : ainsi on peut compter sur un produit annuel de 3970 quintaux de cette substance sa-
linée, lesquels joints aux 6320 que donnent les matières salées, forment un total de 10,240 quintaux.
Indépendamment de toutes les substances salines
dont je viens de parler, la nature nous offre une
grande ressource pour nous procurer le sulfate de
soude.

Depuis plus de deux siècles on dépose, ainsi que
je l'ai déjà dit, une quantité considérable de matières salées dans de grands chantiers ; les eaux des
pluies les ont successivement lavées et épuisées ; la
substance saline s'est dissoute, et a pénét réà une
certaine profondeur sous terre ; elle se montre aussi
quelquefois sous la forme d'une source, lorsque le
terrain lui permet de s'écouler ; c'est ainsi que se
sont formées, dans un chantier de la Saline de
Dieuze, les différens suintemens d'eau chargée de
sulfate de soude, qui se font remarquer le long du
canal de décharge des eaux du Spin, et dont la
salure peut être évaluée à vingt degrés.

Pour recueillir toutes ces eaux, et les obliger à se
réunir dans un réservoir commun, j'ai fait pratiquer
des puits dans le centre de ces dépôts salés.

Je ne connais pas encore le degré de salure des
eaux qui s'y rendront, ni leur quantité ; mais je
ne crois pas donner au hasard en assurant que ces
puits mettront à même de fabriquer au moins dix
mille quintaux de sulfate de soude par année.

Si ce moyen devenait insuffisant, on pourrait avoir recours au lessivage de ces matières salées ; je me suis assuré
qu'il pouvait se faire avec succès ; mais le travail serait
un peu plus pénible et plus dispendieux que celui que je

me suis proposé de suivre. , Il résulte de tout ce qui vient
d'être dit, qu'on peut former annuellement, dans
les trois Salines de la Meurthe, vingt mille quintaux
de sulfate de soude, et augmenter le produit en sel
marin, dans cette partie seulement, de vingt-huit
mille quintaux.

Lessivage des écailles de sel.

Telle précaution on puisse apporter dans la fabrication du sel, on ne peut éviter qu'une incrustation
saline, d'une. épaisseur plus ou moins considérable,
ne se forme et ne s'attache au fond des chaudières
pendant l'évaporation des eaux. Le quintal de cette
incrustation contient, ainsi que je l'ai déjà dit,
60 livres de sel marin, 19 livres de sulfate de
soude, de 6 à 7 livres de muriate calcaire et de
magnesie, et 14 à 15 livres de sélénite mêlée d'une
partie de terre calcaire libre. Ces matières se déposent insensiblement sur le fond des poëles, et y
contractent une grande adhérence par l'action de la
chaleur.

Le peu d'abondance des sources salées qui alimentent les Salines du Jura, a fait regarder les
écailles comme une ressource pour augmenter le
produit du sel. On en fait le lessivage à froid ; et
lorsque la liqueur a atteint 10 à 12 degrés de salure,
on la soumet à l'évaporation dans les poëles ordi-
naires. Je me suis assuré qu'on pouvait porter l'eau
du lessivage des écailles, à 21 et 22 degrés au
moins, et qu'on économisait par-là la moitié du
combustible. J'ai également observé que les matières
salines lessivées à l'eau froide, et regardées comme

épuisées, pouvaient encore fournir 16 livres de sulfate de soude par quintal, en les lessivant à l'eau
bouillante ; ce qui m'a fait naître l'idée de faire
construire, dans plusieurs Salines, l'appareil dont je
vais donner la description.

J'ai fait construire un fourneau semblable à ceux
que j'ai proposés pour la formation du sel, à l'exception qu'il était beaucoup moins grand, et que je l'ai
fait élever à 6 pieds du sol. J'ai fait placer sur ce
fourneau une chaudière de tole de 12 pieds de longueur sur 10 de largeur, et environ 15 pouces de
hauteur ou profondeur. Au fond de cette chaudière
était soudée une douille, au moyen de laquelle on
pouvait faire écouler l'eau, et la conduire où l'on
jugeait à propos, à l'aide de cheneaux. Trois réservoirs
en bois, de 10 pieds de longueur, 4 de largeur et 2
pieds 8 pouces de hauteur, étaient placés l'un à l'extrémité de l'autre, de manière que l'eau de la chaudière pouvait se rendre dans le premier ; l'eau du
premier s'écoulait dans le second ; celle de celui-ci
dans le troisième, et celle du troisième dans un grand
cuvier enfoncé en terre, ainsi que le troisième réservoir ; le premier, élevé de toute la hauteur du
second, reposait sur l'une de ses extrémités, 'une
pompe portative, placée dans le fond du cuvier, servait à en élever l'eau, et à la porter dans la chaudière. Il n'est pas besoin de dire que ces réservoirs
avaient un double fond, ou diaphragme, percé de
plusieurs trous, et qu'on étendait un peu de paille
dessus pour empêcher les matières de s'écouler.

Pour bien lessiver les écailles, et en retirer toutes
les matières salines qu'elles contiennent, on les con-
casse grossièrement, puis on les distribue dans les

trois

trois réservoirs dont je viens de parler ; on fait ensuite couler de l'eau froide dans le premier jusqu'à
ce que la matière en soit recouverte environ de trois
pouces, quatre à cinq heures après on fait écouler
la liqueur dans le second, et de celui—ci, dans le
troisième, et enfin dans le cuvier. Lorsque l'eau des
lessivages a acquise 21 à 22 degrés de salure, on
l'élève au moyen de la pompe, et on la fait écouler
dans la chaudière pour y être soumise à l'évaporation. Le dernier lessivage doit être fait à l'eau bouillante. Enfin, on renouvelle alternativement le char-
gement des réservoirs lorsqu'on s'apperçoit que l'eau
chaude n'y prend plus de degrés de salure.

Formation du Sulfate de Soude nommé, mal à propos, sel d'Epsom.

On ne retire le sulfate de soude que dans les Salines du Jura et du Doubs, quoiqu'il existe dans
toutes les eaux salées ; la petite consommation qui
s'en faisait alors en a vraisemblablement fait négliger
l'extraction ; on ne retirait même, dans ces deux
Salines, ce sel que du schelot, en employant des procédés longs et dispendieux, ainsi qu'on peut s'en
assurer en lisant ce que j'ai écris à ce sujet à la
suite de l'analyse des eaux de Mont-Morot. Encore
ne parvenait—on pas, par ces manipulations vicieuses,
à extraire la moitié du sulfate de soude contenu
dans le schelot ; car on voit, par une suite d'opération en ce genre, que 4000 pesant de cette matière
ne produisaient ordinairement que 750 livres de sulfate de soude, au lieu de 1800 que cette quantité
aurait dû produire.

G

Une autre dépense qu'occasionnait cette opération, était la consommation en bois, il en fallait une corde pour faire dix quintaux de sel.

On peut obvier à tous ces inconvéniens, en fesant le lessivage du schelot à l'eau bouillante, en employant les réservoirs dont je viens de donner la description. La liqueur des lessivages se reporte ensuite à la chaudière, pour y être évaporée ; et lorsqu'elle a acquis 35 ou 40 degrés, on la soumet à la crystallisation. Lorsqu'on veut se procurer du sel d'epsom artificiel, il ne s'agit que de faire redissoudre, dans de l'eau bouillante, une certaine quantité de sulfate de soude de la première crystallisation, et d'agiter la liqueur avec un balai jusqu'à parfait refroidissement ; on trouble, par cette agitation, l'ordre de la crystallisation ; les molécules-salines qui, ne peuvent réciproquement s'attirer pour former de gros crystaux, tombent au fond de l'eau sous la forme de petites aiguilles minces, absolument semblables au sel d'epsom naturel.

Écaillage des Poëles ou Chaudières.

Il faut bien se garder de suivre les procédés employés jusqu'à ce jour, dans les Salines, pour écailler les poëles ; j'ai démontré, dans mon Mémoire, combien la calcination à laquelle on soumet l'incrustation saline adhérente aux fonds des poëles, ainsi que les percussions violentes qu'on fait éprouver aux chaudières lorsqu'on veut en détacher l'écaille, contribuaient singulièrement à leur détérioration. On peut éviter tous ces inconvéniens en arrosant toute la surface des poëles avec de l'eau froide, quelque temps avant de les écailler. L'eau pénétrant peu à peu à travers la crasse salée, la détache insensiblement du fer, et fait qu'on peut l'enlever avec des piques à tranchants plats, en très-gros morceaux, avec beaucoup de promptitude et de facilité.

Conversion du Sulfate de soude en soude ordinaire.

Je ne parle pas des moyens nouvellement découverts de convertir le sulfate de soude en soude du commerce ; tous les détails de cette opération se trouvent consignés dans un excellent Ouvrage qui a pour titre : *Description de divers procédés, pour extraire la soude du sel marin, faite en exécution d'un Arrêté du Comité de Salut public, du 8 Pluviôse, an deuxième de la République Française, imprimé par ordre dudit Comité, etc.*

Sel ammoniac.

Je me dispenserai également de parler de la manière de faire du sel ammoniac, en employant les eaux-mères des Salines, parce qu'on trouve tous les renseignemens nécessaires à cet objet, dans un Ouvrage qui a pour titre : *L'art du distillateur d'eaux-fortes*, livré à l'impression par la ci-devant Académie des Sciences de Paris.

Résultat général.

Il résulte de ce qui vient d'être exposé,

1.° Qu'on peut économiser la moitié des combustibles, employés jusqu'à présent à la formation du sel marin, dans toutes les Salines de la République.

2.º Que les quarante-deux mille cordes de bois, annuellement affectées aux trois Salines de la Meurthe, brûlées avec soin dans des fourneaux convenables, suffisent à la formation de 840,000 quintaux de sel, en employant des eaux graduées à 21 ou 22 degrés de salure.

3.º Que toutes les eaux salées de Salins réunies, et conduites sans perte à la Saline de Chaux, située au milieu des forêts, pourraient en produire 150,000 quintaux, en ne consommant que huit mille cordes de bois environ.

4.º Que les eaux salées de Mont-Morot peuvent annuellement fournir 26,280 quintaux de sel, en n'employant que celles des puits du Cornot et du Saloir, et conséquemment en abandonnant celles du puits de Lons-le-Saulnier, dont la salure n'est que d'un degré et demi faible ; ce qui dispenserait de la construction d'un nouveau bâtiment de graduation ; objet d'une dépense assez considérable, et si peu utile dans un local où il n'y a point de bois, et où le charbon de terre revient à près de cent sous le quintal.

5.º Que les Salines du Mont-Blanc, du Jura, du Doubs et de la Meurthe, peuvent fournir annuellement cinquante à soixante mille quintaux de soude semblable à celle du commerce.

6.º Et qu'enfin il serait possible d'établir des ateliers de sel ammoniac dans les Salines, en employant les eaux-mères, ou muires grasses, après en avoir retiré le sulfate de soude, ce qui produirait un bénéfice très-considérable.

On voit par-là que les Salines de la Meurthe, fesant usage de bâtimens de graduation à épines et à cordes, ainsi que de fourneaux économiques, pourraient former 840,000 quintaux de sel ; et que les deux Salines de Salins et de Chaux réunies, en produiraient 150,000 ; ce qui donnerait un total de 990,000 quintaux, lesquels évalués à huit livres l'un, formeraient une somme de sept millions neuf cent vingt mille livres.

Ainsi, en supposant que, d'après le rapport du Citoyen BESSON, Représentant du Peuple, le Goúvernement se déciderait à laisser ces Usines nationales à bail, sous les conditions portées dans ledit rapport, et à fixer le prix du sel à huit livres le quintal, l'adjudication pourrait être portée au moins à cinq millions, au-lieu de trois qu'on propose de demander. On m'objectera peut-être que je n'ai pas calculé les dépenses qu'occasionneraient les améliorations et réparations à faire dans les Salines. Je sais qu'il faut substituer trois pompes à feu aux machines hydrauliques à chevaux, dans les trois Salines de la Meurthe, et que cette dépense première pourrait monter à 150,000 livres.

Il faut également y établir trois bâtimens de graduation à épines, et trois autres à cordes ; et comme on se propose de faire fournir aux adjudicataires, les bois nécessaires à la construction de ces différens ouvrages, on croit que c'est les estimer bien haut, que de les porter à 150,000 livres l'un, ce qui ferait 900,000 livres pour les six.

Il faudrait aussi en construire deux autres, c'est-à-dire, un à épines, et l'autre à cordes, à la Saline de Chaux, pour la mettre à même de graduer toutes les eaux de Salins qu'on y ferait couler ; ces deux bâtimens pourraient coûter 300,000 livres, ce qui ferait en tout 1,350,000 livres.

Et quand les réparations des bâtimens, des four-neaux, des poëles et des conduites d'eaux, se por-teraient à 1,150,000 livres, ce que l'on ne peut sup-poser, la dépense générale ne serait que de 2,400,000 livres, c'est-à-dire, de 100,000 livres pour chaqu'une des vingt-quatre années du bail à courir ; il reste-rait conséquemment encore un bénéfice annuel de 2,820,000 livres, sans parler du produit du sulfate de soude, ni de la grande économie qu'il y aurait à se servir de charbon de terre, au-lieu de bois, pour l'évaporation des eaux salées.

Les houillières de Saarbruck, qui pourraient ali-menter les Salines de la Meurthe, en sont à la vé-rité éloignées de quinze lieues ; mais ce combustible ne coûte presque rien sur place. L'ancienne Com-pagnie des Domaines du Prince de Nassau, ne le fesaient vendre que six sous le quintal ; aujourd'hui que ces houillières sont en notre possession, il n'en coûterait pas deux sous par quintal pour l'extrac-tion.

Et comme l'expérience m'a démontré qu'il ne faut que soixante livres de ce combustible pour former un quintal de sel, il s'ensuit que trois mille pesant de houille, qui est la charge ordinaire d'une voiture, pourrait produire 50 quintaux de sel, tandis qu'on consomme environ cinq cordes de bois pour en fa-briquer une pareille quantité dans nos Salines.

(*Nota.*) Mon intention était de joindre à ce Mé-moire les plans que j'ai fait lever, tant des anciens

fourneaux et poëles, que des nouveaux que je propose, ainsi que celui du bâtiment de graduation à
cordes de la Tarentaise ; mais les ayant oubliés à la
Saline de Moyenvic, le Directeur à qui je les ai
demandés, m'a répondu qu'il les avait envoyés à
Paris, au Citoyen BESSON, Représentant du Peuple.

F I N.

LIBERTÉ,   ÉGALITÉ.

*Paris, le 13 Vendémiaire, l'an 3.e de la République
une et indivisible.*

LA COMMISSION

*Des Armes, Poudres et exploitation
des Mines de la République,*

Au Citoyen NICOLAS, Agent de
la Commission à Salins-Libre.

*LE Citoyen BERTHOLET nous a transmis
deux Arrétés pris, d'après tes observations,
par le Représentant du Peuple, BESSON,
ainsi qu'un Mémoire très - intéressant qui
annonce tes lumières et ton esprit observateur,*

et dans lequel tu développes des vues et des projets d'économie publique que nous t'invitons beaucoup à suivre et à réaliser. Tu nous trouveras toujours disposés à te seconder et à te procurer toutes les facilités dont tu pourras avoir besoin à cet effet.

SALUT ET FRATERNITÉ.

Signé, Le Commissaire BENEZET.